中村桂子コレクション
いのち愛づる生命誌

III 生命誌からみた人間社会

かわる

藤原書店

喜多方市の小学校で、「農業」の授業に参加
（2013 年）

喜多方市の小学校で、「農業」の授業に参加。教室でトウモロコシを食べながら子どもたちと話し合う（2013年）

第8回「松下幸之助　花の万博記念賞」の贈呈式での受賞挨拶。着物は染織家・志村ふくみ氏の作品（2000年）

はじめに

「人間は生きものであり、自然の一部である」

この言葉をこれまでどれほど書いてきたことかと思います。だれもがわかっているあたりまえのことですが、現在の社会がこれをあたりまえとしているかと考えるとそうなっていないので、考え続け、語り続けずにはいられません。

この巻でも、この言葉が基本になっています。とくに二〇一一年三月一一日の東日本大震災の後で考え、新聞というさまざまな方の日常に届けられるメディアに書いた文をまとめた章がありますので、「生きもの」という語の役割はいつも以上に大きくなりました。

科学を学び、それをおもしろいと思いながらも日常を生きる立場から考えると、現在の科学、科学技術、それがもたらす恩恵を享受する科学技術文明は、問題を抱えていると思わずにはいられない。そんな気持ちで生命誌を考え続けているときに、東日本大震災とそれに伴う東京電力福島第一原子力発電所での事故が起きたのでした。

そのとき、私はたまたま東京大学理学部での会議に出席しており、岩盤がしっかりしているので最も安全な場所と指定された安田講堂の前に避難しました。近くにある地震研究所からも続々と人が出てきて、思いがけず専門家集団の中にいることになりました。とはいえ、明確な情報のないなか、余震への用心からしばらく外にいるしかなく、結局その日は大学近くの友人宅に泊めてもらうことになったのです。「学問って日常のことには役に立たないんだ」と言いながら。地震研の人たちを非難してのことではありません。学問の世界に身を置いている者として、ふと口に出た感慨のようなものです。

その後、ボランティアとして、被災地での瓦礫の片付けや被災者の援護に、若者たちが活躍しました。しばらくしてからは、音楽家やスポーツ選手が被災者を元気づけに被災地を訪れました。ここで生命誌の研究者として何ができるだろう。もう「日常のことには何の役にも立たない」ではすまされません。悩んだ末にたどりついたのが、「人間は生きものである」という生命誌が基本に置いている考えを、日常に生かせるようにするしかないということでした。

歌を歌ったり、サッカーを一緒に楽しんだりすれば、被災地の人の気持ちを明るくすることができますけれど、出かけていって生命誌のお話をしても……そんなめんどうなことは後にしてとなります。当然でしょう。ですから、この災害をふまえて、これから先の日本列島での暮らし方に生命誌の考えがお役に立つようにするという結論です。これしかできないというのが正直なところです。

そのとき真剣に考えたことを、『科学者が人間であること』（岩波新書、二〇一三年）にまとめました。原子力発電所が事故を起こして浮かびあがった大きな問題は、それまで「原子力発電所は安全である」という言葉が「原子力発電所では事故は起きない」ということと同じ意味にされたところにあります。自動車は徹底的に安全が確認できるように設計、製造されるのは当然です。道を走る自動車はすべて本来安全な機械なのです。けれども、毎日どこかで自動車事故が起きているのもまぎれもない事実です。そこで交通安全週間を設け、安全についての講習会を実施して、だれもが事故が起きたときの対処のしかたを知ったうえでの自動車社会になっているのです。原子力発電所も同じではないでしょうか。徹底的に安全に配慮するのは当然として、事故への対処は必要です。それなのに、なぜこの技術だけ決して事故は起きないとしなければ、社会に存在できないということになってしまったのでしょう。ここには、これからの科学技術社会のありようを考えさせるさまざまな問題があります。

ここですべてを考えることはできませんが、最も大事なのは科学者、技術者が、自分も生活者であることを忘れずにいることではないかと思うのです。生活者として、自分が関わる科学や技術を評価できれば、安全性についても社会の人々と同じ目線で語りあえるようになります。「科学者が人間であること」という言葉は、こんな気持ちから生まれました。Ⅳ章のエッセイはこの思いで書いたものですし、他の章の底を流れるのも同じ思いです。

もう一つのテーマは「ライフステージ」です。実はこの言葉は本コレクションⅡ『つながる』でも短く触れています。けれどもなぜ「ライフステージ社会」を提唱するのかということを、生命誌の考え方と関連させながらまとめて、少し詳しく述べたいと思い、改めてここで一章を設けることにしました。内容が重なるところがありますがお許しください。

「人間は生きものである」ということは、生まれてから死ぬまでのひととき、ひとときを思いきり生き、そこに意味を見出していくということです。その全体が私なのであって、それぞれのときにそのときでなければできないこと、そのときだからこそ大切なことがあるという視点で社会をつくり、一人ひとりの生活を支えるものにしたいと強く思うのです。一人ひとりの一生を大切にするには、どうしたらよいか。その答えを求めてのライフステージ社会の提唱です。ここには、科学者、技術者も含めてあらゆる専門家が生活者であり、人間は自然の一部として存在する。そんな願いをこめています。

「人間は生きものである」。このあたりまえのことを私たちの生き方、社会のありようにどうつなげていくか。ここで考えたいのはそのことです。

二〇二〇年八月

中村桂子

中村桂子コレクション　いのち愛づる生命誌　3

かわる　生命誌からみた人間社会　もくじ

Ⅲ　農の力

V 科学と感性

中村桂子コレクション　いのち愛(め)づる生命誌　3

かわる　生命誌からみた人間社会

凡例

一　本コレクションは、中村桂子の全著作から精選し、テーマごとにまとめたものである。収録にあたり、著者自身が註の追加を含め、大幅に加筆修正を行なっている。

一　註は、該当する語の右横に＊で示し、稿末においた。

編集協力＝甲野郁代
柏原怜子
柏原瑞可
製作担当＝山﨑優子
装　丁＝作間順子

I　生命を基本に置く社会へ

1　生命を基本に置く社会へ

二〇一一年三月一一日の東日本大震災以来、この国をどのように立て直していくかという議論がさかんである。たとえば、東電の福島第一原子力発電所の事故をふまえての動きとして脱原発があり、自然・再生エネルギーの活用が考えられている。長い間、生命・人間・自然・科学技術というテーマを生命の側から考えてきた者として、この動きの促進を願う。しかし、現在の金融資本主義と科学技術文明のもつ価値観を変えずに自然・再生エネルギー活用を主体とする社会への転換はむずかしい。それにはまず、「生命」に基盤を置く価値観への転換が必要である。この転換は新しい科学をふまえた新しい科学技術を生みだすはずである。今や科学も生命論的世界観を描きだしつつあるのだ。

ここで歴史に学ぶとすれば、明治時代の西欧文明の移入のときになるが、自然エネルギー利用の方向を探るには、当時主流にならなかった考え方（宮沢賢治、南方熊楠等の思想）にこそ学ぶものがある。それは、日本の自然に根ざした文化・思想を基盤に置いており、まさに生命論的世界観とつながるからだ。その価値観のもと、最先端科学から得られる生きものについての知識を活用し、生きものに学ぶ技術を生み、産業を起こし、経済を活性化することがこの国の立て直しの具体策であろう。

そこで重要になるのは食糧（農業・水産業）、健康（医療）、住居（林業）、知（教育）、環境、エネルギーである。これらはすべて地産地消型の活動である（工業の重要性はもちろんだが、ここでは触れない）。いわば、宮沢賢治が求めた「ほんたうの豊かさ、幸せ」を実現することが、今、求められている。

価値観の転換——機械から生命へ、または『坂の上の雲』からの脱却

これからの社会を考える場では、通常は、複雑な国際政治、さまざまな危機が伝えられるグローバル経済等の現状を分析し、それへの対応を求められているのだろうと思いながら、ここ

ではまったく別のアプローチをする。一つは私に政治や経済の現状を語る能力がないからだが、もう一つは、三月一一日の大震災と原発事故を体験した後での未来を考えるにあたっては、より本質的なところに目を向け、長い時間の中で考えなければならないという気持ちになっているからである。

歴史の中に二一世紀という世紀を位置づけようとするなら、一八世紀にイギリスに始まった産業革命の延長上にある科学技術文明を前提とし、そこでの選択だけを考えるのではあまりにも限定されすぎている。ましてや二〇世紀後半のアメリカ産業によるいわゆる〝グローバル化〟の中だけで考えたのでは先は見えない。そこで、思いきって私の専門である「生命誌」という視点から、新しい生き方を探ろうと提案したい。

生命誌は、三八億年前に地球の海に生まれた細胞を出発点とする、長い生命の歴史の中での人間を見る知である。そこでの基本は「人間は生きものであり、自然の一部である」というあたりまえすぎるくらいあたりまえのことなのだが、科学技術文明はそのあたりまえを忘れていると思うので、改めてそこから出発したい。ただ、お断りしておかなければならないのは、科学技術文明の見直しとは科学や科学技術の否定ではないことである。科学と科学技術がすべてではないというだけのことである。「人間は生きものであり、自然の一部である」というところから出発する生き方への移行は決して容易ではない。しかし、試みる価値がある、いやむしろ試みなければ、明るい未来は見えないと思っている。

それは、すべての人が「自分が今ここにいること」の意味を考え、自分自身と周囲の人々を大切にするところから始まる。政治も経済も危機にあるときに、そんな悠長なことを言っている暇はないと言われそうだが、やはりここから始めたい。実は、小学校六年生の国語の教科書（光村図書）に「生きものはつながりの中に」という私の文が載っている（本コレクションV『あそぶ』所収）。そこでは、私たちのだれもがこの世にひとつしかない、かけがえのない存在として生まれてきたこと。その一方で、生まれたのはお父さん、お母さんがいたから、さらにその前におじいさん、おばあさんがいたからであり、長いつながりがあってこその自分であること。さらに、人類が生まれる前には生きものの歴史があり、私たちは、他の生きものたちともつながっていることを書いている。

毎年、この文を読んだ子どもたちから送られてくるたくさんの手紙に返事を書くのだが、そうしたやりとりを重ねるうちに、クラスに連帯感が生まれ、いじめが減っていく様子の報告を先生からいただくことが少なくない。とくに今年（二〇一一年）は、そのような報告がこれまで以上に多い。おそらく、三月一一日の体験が子どもたちにも影響し、「生きる」ということについて考える機会が多くなったのだろう。

このような子どもたちとのやりとりから、「一人ひとりが生きる」ことを基本に置き、それを支えるのが社会であり、政治であり、経済であるというあたりまえのことを大事にしようと伝えることには意味があり、それが暮らしやすい社会をつくる基本だと強く思うようになった。子どもは、ときにおとなより敏感に大切なことを感じとるものである。

二〇一一年三月の福島での原子力発電所事故を体験し、今、多くの人が脱原発を求め、反原発の声も高まっている。エネルギー消費量を極端に下げることはむずかしいとすると、原子力に代わるものとして火力（とくに天然ガス）が現実的だが、これは二酸化炭素を排出し、地球温暖化につながるデメリットもあり、自然・再生エネルギーへの関心が高くなっている。「人間は生きものであり、自然の一部である」という視点からは、自然・再生エネルギーを可能な限り利用することは望ましいのだが、ここで気になることがある。人々の価値観がGDPの伸びを指標とする量的成長型社会をめざしたままで、金融市場での投機行動による株や為替の動きに支配される社会の現状に変わる気配がないことである。このまま自然・再生エネルギーの開発が行なわれるなら、メガソーラーシステムの普及が主流となり、それは食糧生産を圧迫したり、自然破壊につながる危険がある。放射能汚染ほどわかりやすくないだけに、この危険には気をつけなければならない。

まず、「人間は生きものであり、自然の一部である」という感覚からの出発という価値観をもたなければ、自然エネルギーへの転換はむずかしい。できたとしても、どこかに歪みが生まれる。しつこいようだが、ここでも人間を自然の一部と認識し、生命をもつもの一つひとつ（人間なら一人ひとり）の存在を大切にするところから出発することが不可欠という答えが出る。

（1）生命論的自然観・世界観へ

それはまず地球（globe）を意識することから始まる。一九七〇年代に私たちは、宇宙船から見た丸い地球の映像に感激した。実際に宇宙へ出てそれを見た宇宙飛行士は、例外なくこの星の美しさを語った。その美しさのもとは水であり、緑である。地球に水があったからこそ、そこに生きものが生まれ、私たち人間が存在していることがすべての基本ではないだろうか。そして生きものたちの存続を支えたのは植物、つまり緑である。したがって、この美しい地球で、生きもののひとつとして生きるとは、水と緑の重要性に注目した考え方なのである。

もちろん、人間（生物学ではヒトと言う）という生きものの特徴は、大きな脳、器用な手、言葉等をもち、他の生きものにはない文化・文明を築くことだ。その生活を支えるエネルギーを得ようとして地下資源を採掘したり、原子力を用いたことを否定する必要はない。しかし、エネルギー、つまり火こそ生活の基本と考えたため水や緑の重要性を忘れたところに、生きものとしての存続をむずかしくした原因がある。ここで、「生きものであることを基本に置いた文化・文明をつくる」というテーマが生まれる。

産業革命の延長上にある現代文明は、人間をも含む自然を機械とみなす機械論的自然観のうえに成立してきたもので、現実に多くの機械を生みだし、大量のエネルギーを使ってきた。それは、人間が「美しい地球に生まれた生命体」であるという基本を忘れさせてしまった。その結果起きているのが、地球環境問題である。詳細は述べないが、今、関心が高いエネルギーの問題は環境問題と表裏の関係にある。また、人間自身が自然の一部なのだから、環境問題、つまり自然の破壊を引き起こす行為は人間の破壊につながらざるを得ない。たとえば、学校でのいじめなどが原因で子どもが自殺するという問題は、そのひとつの現れと言えよう。

生命を基本に置く生命論的自然観から出発した文明の構築を考えなければ、人間が人間らしく生きること、生き続けることはむずかしいという瀬戸際に私たちはいるのである。具体的には、「機械と火（エネルギー）」こそ文明と考えたために「生命（緑）と水」をおろそかにしてきた社会を、「生命と水」を基本に置き、その中で「機械と火」を使いこなす文明へと転換する必要がある。

(2) 生命論的自然観が科学から生まれている

人間は生きものとして地球上に生まれたというあたりまえのことを基本に置くとは、具体的にどのような視点をもつことかを考えてみる。

①科学が生んだ生命論的自然観

ここで科学が明らかにしたことを活用しよう。科学という知は一六世紀から一七世紀にかけて生まれ、機械論的自然観のもとで自然を分析してきた。現在の科学技術文明はその成果として、とくに二〇世紀に急速に展開した。今でも一般には、科学と言えば機械論と考えられている。したがって、科学の成果を活用して生命論への転換を考えるというのは、矛盾に見えるに違いない。ところがそうではないのである。残念ながら科学の歴史を詳細に追う余裕はないので、簡単に現状を述べるにとどめるが、実は、三〇〇年ほど続いてきた科学自体が、今、機械論を脱しなければならないことを示す状況にある。つまり、科学がこれまでに解明してきた事実をふまえた新しい自然観――それは生命論的自然観であると私は思っているのだが――が生まれている。

まず、宇宙観の変化がある。二〇世紀初め相対性理論を出し、新しい物理学をつくったアインシュタインは、宇宙を不変のもの、別の表現をするなら機械のようなものと見ており、その構造を明らかにすることに努めた。相対性を示す数式に宇宙項が入ることで、それが美しくなくなることを嫌いながらも、自身の宇宙像にこだわった。しかし、今や宇宙は不変ではないことは明らかである。今年（二〇一一年）のノーベル物理学賞が宇宙の膨張速度は加速していることを示した研究に与えられたことでもわかるように、宇宙は一三八億年前に〝無〟から生まれ、多くの星を生み、また消滅させながら今も膨張を続けているとされる。この膨張は、暗黒（ダーク）エネルギーとよばれるまだ正体のわからないエネルギーによって起こされている。

暗黒エネルギーの他に暗黒物質（ダークマター）も存在する。現在の宇宙像ではむしろ暗黒とよばれるものが主で、既知の物質は全体の四％にすぎないというのだから驚く。ここで宇宙物理学を紹介したのは科学の成果を伝えたいためではなく、「宇宙は機械のように固定したものではなく生成するものであり、動いているものである」という宇宙観が、生命論的世界観の基盤にあることを示したかったからである。その宇宙に生まれたひとつの星である地球の海に三八億年前に細胞が生まれ、それがさまざまな生きものへと進化したなかで人間も生まれたという物語が描ける。

宇宙の次に、生物も見ていこう。生物学は一九世紀に大きく展開した。具体的にはダーウィンの進化論、メンデルの遺伝の法則の発見、シュライデンとシュワンによる細胞説（動物も植物もすべて細胞を構成単位としているという考え）、生物体を構成する物質の構造やはたらきを調べる生化学という四つの新分野が登場し、生命現象の理解が進んだのである。

二〇世紀に入り、細胞には必ずＤＮＡが存在し、それが遺伝子としてはたらいていることがわかり、ＤＮＡ研究を基本に置く生命科学が急速に発展してきたことは、専門外の方も目にしておられるとおりである。その結果、一つの細胞内に存在するＤＮＡの総体を「ゲノム」という形でとらえ、しかも二一世紀にはそれを分析することまでできるようになったのである。

ここで登場した進化、遺伝、細胞、ＤＮＡ、ゲノムという言葉は、今では新聞やテレビにも頻繁に登場するので、どこかで目や耳にしておられるだろう。実は、生命論的自然観をもつには、ここにあげた言葉とその内容の理解が必要となるので、簡単な歴史を述べたのである。

地球上に現存する数千万種とも言われる生きものが、すべてＤＮＡ（その総体であるゲノム）をもつ細胞から成るという事実から、生命科学者はすべての生命体の祖先となる細胞の誕生を生命の起源と考えた。少なくとも、三八億年前の海にはそのような細胞が存在したと考えている。これは次の二つの事実を示す。一つは、地球上の全生物は祖先を一つにする仲間であり、

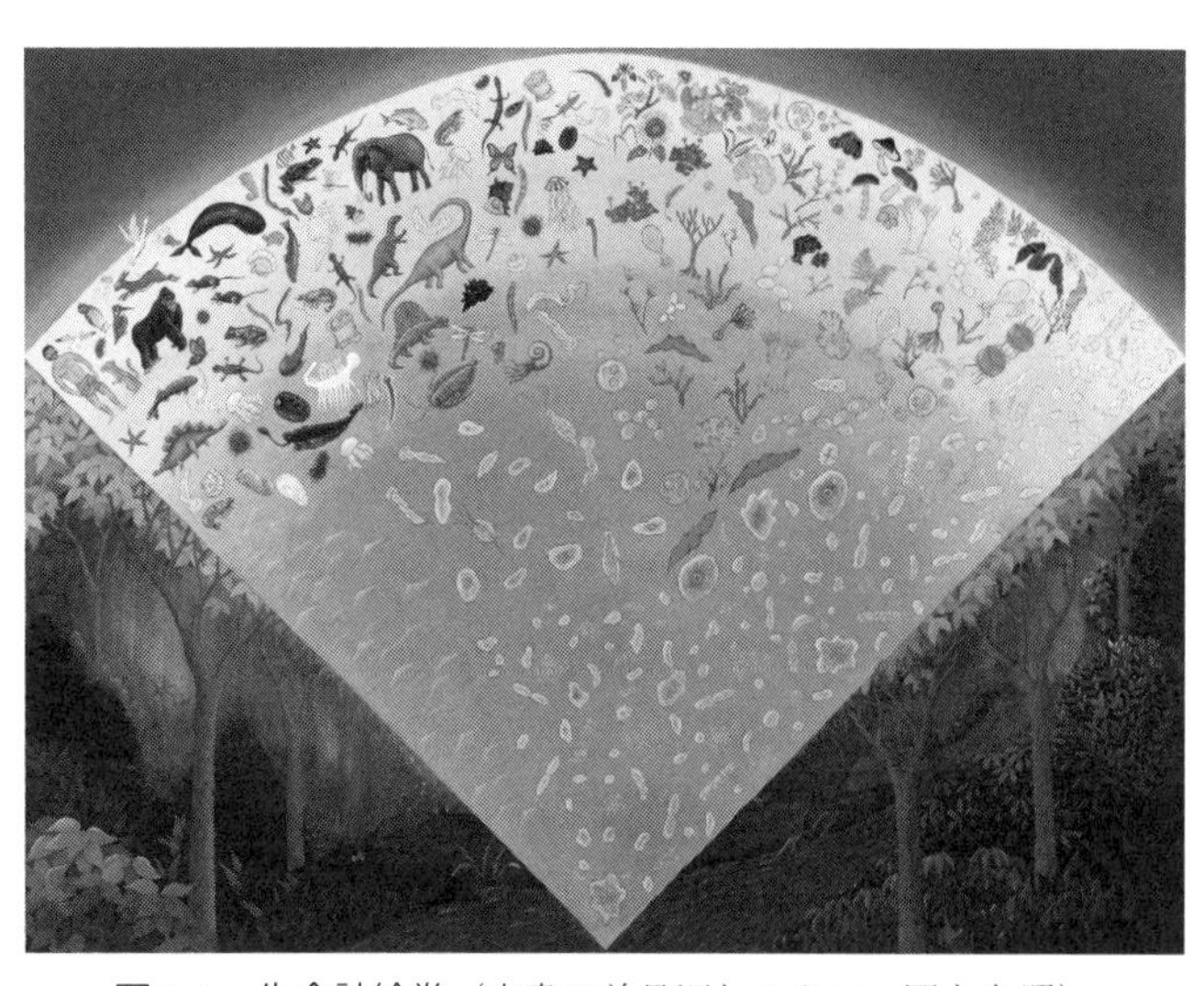

図1-1　生命誌絵巻（本書の前見返しのカラー図も参照）

人間（ヒト）もその中に含まれること。第二は現存の生物はすべて三八億年の歴史をもつことである（図1－1）。

「人間は生きものであり、自然の一部である」とは、具体的にはこういうことなのである。

②生きものの中にいるという視線

一六世紀から一七世紀にかけてヨーロッパで生まれた科学のもつ機械論的自然観には、大きな特徴がある。キリスト教を背景に、人間は他の生きものとは異なる特別の存在であると位置づけ、科学は神が創造した世界を理解する知とされているのだ。このような科学に携わる人間は、「生命誌絵巻」の扇の外から他の生きものたちを見下ろす目をもつ存在になる。生きものは操作の対象なのである。「人間は生きもののひとつであり、自然の中にいる」という事実を科学が明らかにしているのに、科学の歴史が「人間は自然の外に存在する」というところから出発したために、今も私たちの考え方の中にそれが残っていると言わざるを得ない。とくに物理や化学、それを基礎に置いた科学技術ではその傾向が続いている。自然への配慮の重要性を説くときにも、「人間と自然」と言って二つを併立（ときに対立）させる。これを考え直すことがすべての出発点であり、これなしに変革はあり得ない。

人間が自然の中にいることに気づき、そこに入りこんだ視点をもつと、自然界に存在する非常に複雑なつながり、そこからの広がり、現在にいたる長い時間などがおのずと見えてくる。ここから出発して新しい技術、新しい文明をつくろうというのが提案である。後で述べるが、日本の文化は、「人間が自然の中にいる」という視点を大事にしてきたので、新しい文明構築にあたって、日本人はリーダーの役割が担えるはずだと思っている。

（3）科学は日常と思想（価値観）とにつながる

自然の中にいるという視点をもつとしても、他の生きもののようにただそこにいるだけでは、人間として生きたことにはならない。そもそも七〇億人という世界人口が食べていくのもむずかしい。それをなんとか克服してきたのが科学技術であり、これからもそれは不可欠である。ただ、自然の外にいると考えたときとは異なる性質をもつ技術の開発が求められる。それには、自然を機械と見なしてその構造と機能だけを知ればすべてがわかるとせずに、生まれてくる全体としてとらえる知を組み立てていくところから始める必要がある。

それには、ガリレイ、デカルトに始まり、その流れでこの三〇〇年ほどの間に確立した「科学」を活用しながらも、それを日本の自然の中で暮らす生活者としての考えと組み合わせることで新しい知を創りださねばならないと私は考えている。三月一一日以降、改革の必要性を語るとき、その体験として明治維新と太平洋戦争の敗戦があげられる。しかし、この二つには大きな違いがある。欧米の圧力がきっかけになった改革という共通点はあるが、敗戦はすべてにおいてまったくの受身にならざるを得なかったし、それまでの日本の社会は戦争一色だった。

それに比べて明治維新のときは選択があり、またその前の江戸は世界史としてもめずらしい長期の平和を維持した社会であった。それは脈々と続いた日本文化を受け継いだ社会でもあった。そこに西欧から科学を取りいれたのが明治なのである。したがって、科学を活用しながら、日本の自然の中での生活者の目を生かすにはどうしたらよいかを探るために、具体的に見るべき時代は明治である。ただし、その後の道は、西欧を追って覇権を求めたために軍国主義につながったので、覇権ではなく、人々の生活の豊かさと幸せを求める道を探すという新しい挑戦が必要である。

ここで思い出す人はさまざまあるが、まず森鷗外を取りあげたい。鷗外は、小説『舞姫』や翻訳『即興詩人』で知られる文人だが、もうひとつ森林太郎として陸軍軍医の顔をもつ。当時、日本の医学は、ドイツから学んでおり、鷗外も軍医として一八八四年から一八八八年までドイツに留学している。そのときの彼の記録に次のような言葉があるのだ。

「自然科学のうちで最も自然科学らしい医学をしてゐて exact な学問といふことを性命しているのに、なんとなく心の飢えを感じて来る。生といふものを考へる。自分のしてゐる事がその生の内容を充たすに足るかどうだかだと思ふ。」

ドイツで最先端の医学研究に携わっているのに、この学問は本当に「生」というものに関わっているのだろうかという問いである。まさに同じころ、北里柴三郎が留学し、破傷風菌等の研究で成果をあげており、病原菌を特定し、その治療をするという形で医学が科学化していた時代である。医学研究の歴史としても輝かしい時代のひとつであるが、鷗外は、科学的な対応に「生」と向き合っていないという感じを抱いているのである。

では、科学に学ぶものなしと感じているかといえばそうではない。「Forschung（英語で inquiry）といふ意味の簡短で明確な日本語はない。研究なんていふぼんやりした語は実際役に立たない」と言っているのだ。Forschung（inquiry）という言葉で表される行為に意義を認めている。これについては、社会科学者、内田義彦がみごとな解説をしている。日本語で研究と訳している inquiry という言葉には、研究以前のとても日常的な面と研究を越える哲学的な面とが含まれているのに、「研究」という日本語は日常も哲学も含めない形でつくられてしまったというのである。

要は、研究者は単に対象を解析して結果を出すだけでなく、そこに自身の生活（料理、育児等、まさに生きもの相手の挑戦である）と自らの生き方（価値観）とを重ね合わせていかなければ本当の inquiry（探求、研究）にはならないという指摘であり、なるほどと思う。科学を生んだヨーロッパでの研究とは、本来生活や思想を含むものであったのに、日本にそれを輸入したときに特別の学問として扱ったため、科学は日常とかけ離れたものになってしまったのである。

とくに近年は、科学技術開発だけを切り離し、しかも経済効果のみで成果を判断するようになった。それこそが今回の原子力発電所の事故につながったのである。大事故が起きたからといって急に反原発を唱えても、発電所が自然に消えるわけではない。処理にも高度な技術が必要なのである。ところが今のこの空気の中では、原子力という技術に真摯に向き合う有能な技術者は育たないだろう。若者は時代の流れに敏感なので、高く評価されない分野は専攻しない。若い技術者が育たなければ技術が中途半端なままになり、安全性への道はさらに厳しくなる。

この技術は核兵器開発ともつながっているので、すべてを封じこめるという選択はあるが、そのためにも原子力の専門家は必要である。そこで求められるのは技術だけでなく、生きものとしての日常感覚と思想の両方からそれを考えられる人である。今や、専門家だけでなくあらゆる立場の人が関心をもち、考えなければならない課題なので、専門家による適切な解説とさまざまな立場からの議論が必要である。これは今後の科学技術のありようを具体的に考える例であり、ここから inquiry を真剣に考える若者を育て、大きな苦しみを生んだ事故を、新しい科学技術へとつなげる必要がある。

(4) 明治時代の科学の移入

私たちが暮らしてきた二〇世紀、とくに日本の場合、太平洋戦争後の二〇世紀後半の科学と科学技術は、経済成長のためにあった。明治時代はそれが富国強兵のためであった。つまり、日本での科学、科学技術は、前項で述べたような、各人が自分の日常や価値観（思想）とつないだ形で考えるものにはなりようがなかったのである。

　では日本では、総合的な知としての科学・科学技術を生むことはできないのだろうか。こう考えたとき、明治時代にそれを考えた人として頭に浮かんだ二人の人物がある。一人が宮沢賢治、もう一人が南方熊楠である。ともに時代の大きな流れから見るとややはずれたところに位置づけられる存在であり、わかりやすく言えば変わり者とされてきた人である。

　宮沢賢治は岩手県、南方熊楠は和歌山県の人である。偶然、この二つの県が三月に東日本大震災で自然の脅威にさらされたところと九月の台風一二号で未曾有の豪雨とそれによる土砂崩れに襲われたところ、つまり被災地という共通点をもつのは日本列島の現状を象徴しているのかもしれない。本来は、東京に象徴されるきらびやかな都市文明から離れ、日本文化の原点を維持している場である。

　私が今、この二人に注目する理由は、科学を移入し新しい社会をつくらなければならなかった明治という時代に、自分の生活と思想を明確にもちながら、そこに科学を取りいれた人たちだからである。二一世紀の今、これからのありようを考えるにあたり、具体的事例としてこの二人を取りあげる。

①賢治と熊楠の共通点

二一世紀に向けて日本社会を新しく組み立て、さらに世界へも発信しようとするために必要なことは、新しい知（ここで科学、科学技術は必須だろう）の積極的構築、明確な世界観（宇宙観、自然観、生命観、人間観を含む）、そして地に足のついた日常であると述べてきた。先端的な知、明確な観、しっかりした日常の組み合わせなしに流れに身を任せてきたのが、二〇世紀後半以降の日本であった。そこで、この二人から学ぶことは何かを一言で表すなら、まず科学、つまりその時代の最先端の知への関心である。二人とも科学に強い関心を示し、積極的に勉強している。とくに熊楠はイギリスに渡り、大英博物館に入りびたって博物学、人類学、心理学等の文献を読んだ。勉学の範囲は民俗学、宗教学、社会学、歴史にも及び、とくに民俗学の論文ではヨーロッパの人々に向けて自説を述べ議論している。

一方賢治は、日本を出ていない。しかし、子どものころから岩石に興味をもち採集に熱中し、盛岡高等農林学校で学び、花巻農学校で教鞭をとるうちに新しい農学に惹かれていく。羅須地人協会をつくり、そこで化学肥料の重要性に目を向け、それを用いた農学の近代化を考えている。もっともそれは挫折の連続だったけれど。もちろん同じころ、政府も西欧の科学の取りいれに熱心であったが、その目的は富国強兵、とくに強兵であった。熊楠と賢治には、国や強兵という意識はない。熊楠は知的興味、賢治は自分の暮らす地域を豊かにしたいという素直な気持ちに動かされている。近年の日本での科学のありようは、単なる競争のために科学技術があるかのような扱い方が目立つ。競争は経済活性化のためと言われるのだが、人々を幸せにするための本当の富がそこから得られているかというと疑問に思わざるを得ず、見えているのはただ競争だけである。

本来、科学とは自然を理解する人間の知であり、自然をよく知ったうえで本当の豊かさを支えるために、それを技術として活用するという順序のはずなのにそうはなっていない。賢治はよく、「ほんたうのしあわせ、ほんたうのかしこさ」という言葉を使うが、今こそ、この言葉を噛みしめたい。

賢治の思想の原点は仏教（日蓮宗）にあるが、彼の真髄はそこにはない。たとえば『銀河鉄道の夜』等の童話で表現されている彼の考え方は、人間を広い宇宙の中にある生命体としてとらえ、星や石（ときに電信柱やシグナル等の人工物も含む）等、すべてと通じあった存在であると感じている。一見、古代にあったアニミズムと混同されそうだが、それとは異なり、むしろ二一世紀にいる私たちが宇宙科学、生命科学を通して感じている宇宙観、生命観につながるものがそこにはある。彼の科学への関心が宇宙や生命に向けられていたからである。

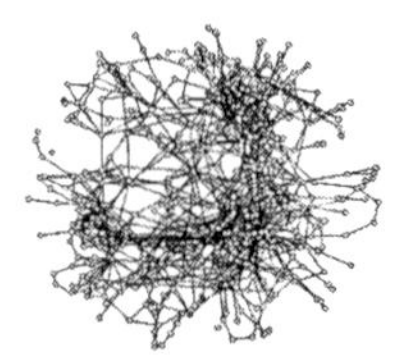

生体内の代謝マップ

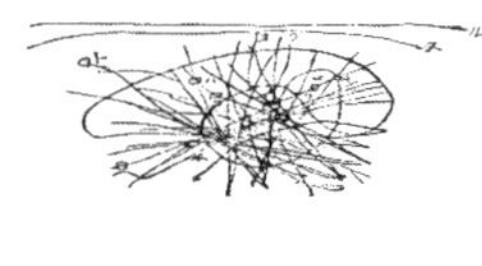

南方曼陀羅

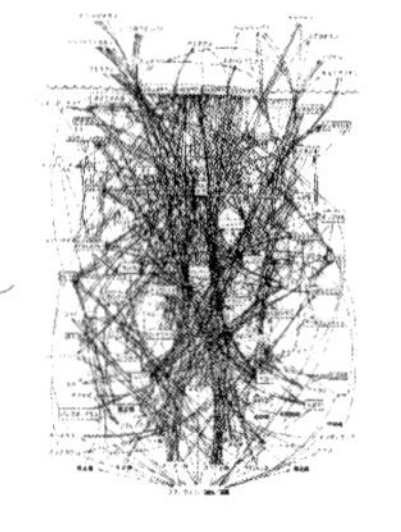

北大西洋における
食物網の一部

図1-2　複雑さに向き合う——ゆるす（寛容）、耐える

一方、熊楠は熊野の地で熱心な真言宗の家に生まれ、豊かな自然の中で育まれている。ヨーロッパで科学を学びながらも、土岐法龍（僧侶）と書簡のやりとりを通じて、物事は簡単な因果関係のみで語れるものではなく、「縁」が重要であることに気づく。その考えを後に「南方曼陀羅」とよばれるようになった図に描き、自然科学から人文学までの学問を統合するモデルを示している。生体間での代謝や食物連鎖等、自然界でまさにこのような関係が見られる。それは複雑さに向き合うということであり、そこから寛容が生まれてくると私は考えており、この考えを進めていきたい（図1－2）。さらに非常に興味深い指摘がある。物と心の間に「事」を置き、それを解くことの大切さを語っているのである（図1－3）。詳細の説明をする余裕はないが、私はここで「事」と言われているものこそ生命ではないかと考えている。

最近は思想、さらには宗教と科学とは別の道を歩み、科学は科学技術として物をつくりだし、経済をさかんにすればよいとされている。その結果、最優先されるのはお金の動きになり、すべてがそれに左右されることになった。東日本大震災による原子力発電所の事故も、経済優先のために起きたと考えられ、このような社会では、結局〝生命〟にしわよせがくるのである。人間が生きることが基本であるのはだれしもわかっているあたりまえのことなのに、世界中の首脳が集まる会議さえ、お金がすべてを支配する形でしか動かない、おかしな社会になってしまっているのだ。

科学技術で人々の生活を支えることは必要だ。しかし科学は本来、その時点での最高の知によって得た自然に関する知識をもとに、世界観を生みだすことにこそ意義があることを忘れてはならない。そしてその時代の人々がそこから生まれた世界観を大切にすることが「科学的」であるための基本となることも、忘れたくない。

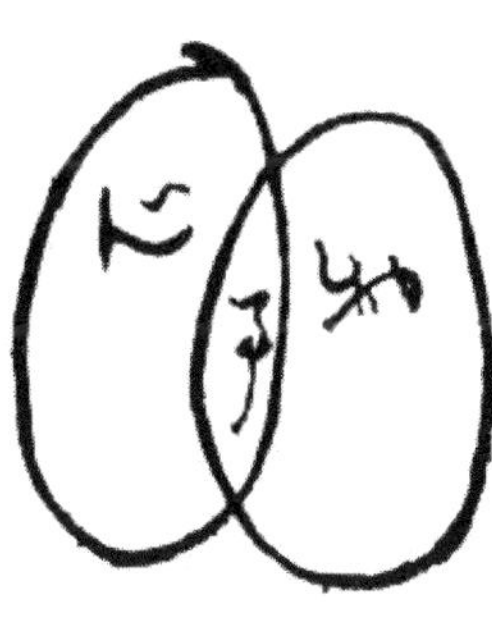

図 1-3　土宜法龍宛て書簡
1893年12月24日付より

②『坂の上の雲』ではなく

明治時代、西欧から学びながら近代化していく日本で、若者たちが、自分こそ国をつくり国を支えるという気概をもって立ちあがった姿の典型として人気が高いのが、司馬遼太郎の『坂の上の雲』である。これは経営者の愛読書としてあげられることが多い。秋山好古と真之兄弟、正岡子規、夏目漱石等、帝国大学や海軍兵学校で学びエリート意識を強くもち、国について真剣に考える若者には大きな魅力がある。しかし、明治という時代としては、この気概の行き先は日露戦争になり、その歴史は現在につながっているのである。列強の中で国をつくっていくには富国強兵しかなかっただろうし、歴史に if をもちこむのはルール違反である。しかしここであえて考えてみたい。

今、三月一一日の打撃から立ち直るとき、明治を一つの参考にするなら、もう一つの道、つまり賢治や熊楠の道はなかっただろうかという問いを立ててみることができるのではないか。歴史に if をもちこもうというのではなく、今、新しい国をつくるにあたって明治を見るなら、秋山兄弟でなく賢治、熊楠にこそ目を向けてみたらどうだろうという提案である。もちろん、賢治と熊楠はすべてすばらしいと手放しで礼賛するものではないが、方向はこちらだろう。

生命論のもとで行なうことは何か

第一部のまとめはこうなる。機械論的世界観のもとでの経済成長を求める科学技術文明には、限界が見えている。そこで、最先端科学が示しているのが機械論的世界観から生命論的世界観への転換であることに注目し、機械論から生命論へと価値観を変えるときが来ていることを指摘した。それは具体的には、「人間は生きものであり、自然の一部である」ところから考えるということである。

もちろん、自然を見る目としての科学と、そこから生まれる科学技術の活用は重要であり、それを否定はしない。このような社会を組み立てるには何をしなければならないかと考え、歴史の中に参考となる事例を探すと、時代としては明治、考え方としては『坂の上の雲』ではなく、宮沢賢治と南方熊楠の思想が浮かびあがってきた。そこで、次ではこのような思想のもとでの社会を考えていこう。

（1）生命・技術・経済の順に

①経済の見直しが不可欠

新しい社会は、まず、生きもののありようをよく知り、その知識を生かして技術を生みだし、それを産業として経済を活性化するという順で動く。ところで現在の社会は、まず経済ありきで、経済成長のために技術開発を求める形になっており、これから考えたい社会とは順序がまったく逆になっているのだ。しかも現在の経済は、生命の側から考えて幸せや豊かさを求める立場とは相容れない過当競争を進めて、異常な格差を生み、人間を壊している（図1－4）。

経済の専門家（経済学者、経済評論家、企業経営者等）はこれをどのように考えているのだろう。世界をリードする経済大国を見ると、「人々の幸せ」などとはまったく無縁のところで、企業どころか国まで壊すことに何の罪悪感も感じず、ただ自らの資産を増やすことだけに専念している人々の姿が浮き彫りになる。非道としか思えない投機がどうして許されるのだろうか、これを取り締まる法はないのだろうか、という疑問が生まれる。

資本主義とは本来、このようなものなのだろうかという問いを抱いていたとき、堂目卓生（どうめたくお）大阪大学教授のアダム・スミス研究に触れた。そこで、「見えざる手」という言葉でしか知らなかったアダム・スミスは「人間は利己心とともに他人の幸福を自分にとって必要なものと感じ、人

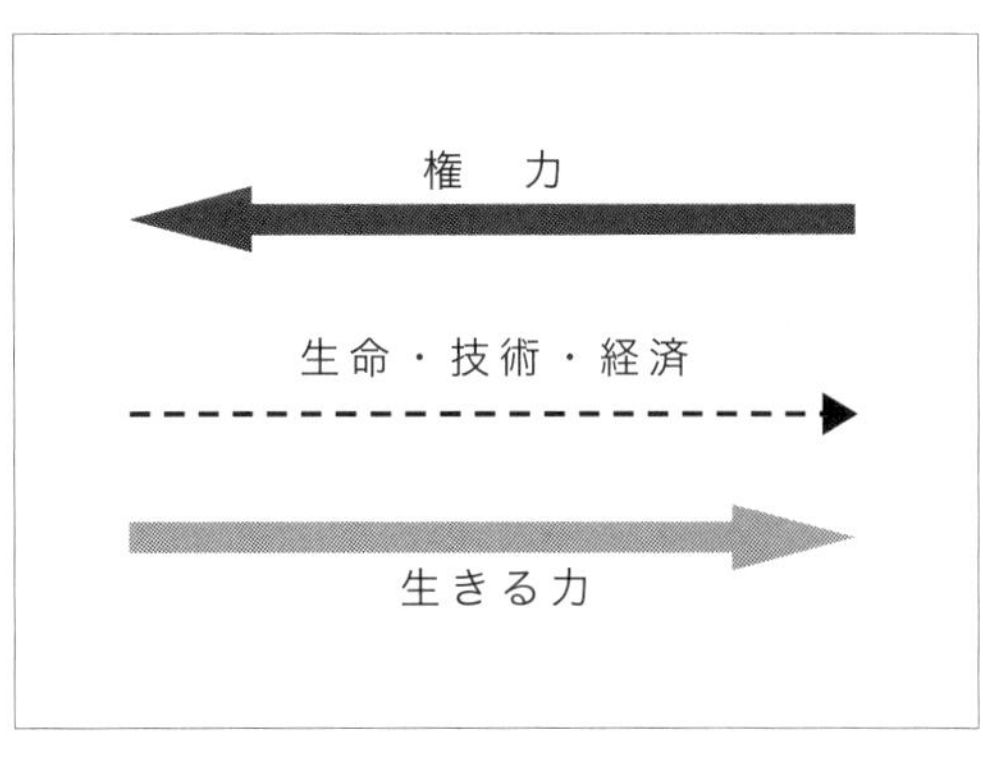

図1-4　権力と生きる力

の悲しみを想像すると自分も悲しくなるものだ」と述べていることを知った。

「人の悲しみを想像する」。今、金融経済を動かしている人にはこの想像力が欠けている。生きものの研究をしていると、想像力こそ人間特有の、それゆえに人間にとって最も重要な能力であることがわかる。しかもこれがなければ創造はできない。今、新しい社会を求めて必要とされるのは創造力であることを考えると、想像力に欠けた人が社会を動かしている限り、新しい社会は生まれないはずだ。この基本能力を欠く人々が世界の経済を動かしているのでは、人間を大切にする社会にはなりようがない。

経済専門家へのお願いである。現在の社会のあまりの非人間性に、資本主義そのものを否定する考え方もあるが、スミスの語る本来の経済の中でなら、生命を基本にする社会をつくることができそうだと希望がわいてくるので、ここを考えてほしいと切に願う。

②生命から技術へ、そしてそれを経済に

まず、快適に生きることを支えるものとして不可欠なのが健康である。そして健康であるにはそれを支える食べもの、住居、環境、さらには教育が重要となる。産業で示すなら農林水産業のみならず、医療、教育、環境も産業としての面をもつ。機械論では、自動車、ＩＴ製品、家電製品等が産業の中心となり、先にあげた分野は生産性が低いという理由で重要視されてこなかった。農林水産業の産業としての本格的育成は、放棄されてきたと言ってもよい。医療は国民皆保険システムを確立し、世界有数の長寿国にはなったが、金融経済の中で効率を求める声が高まり、次第に多くの問題を抱えることになった。

もちろん高齢化という課題はあるが、これもまたすべてを単に数字で決めつけてしまい、一人ひとりの能力を生かすことを考慮していない。これからますます高齢者を生かす方策を考えることが望まれる。教育も同じく、明治以来基本的には教育の機会均等を保証するシステムを構築してきたが、これもまた近年課題が増えてきた。環境問題は一九七〇年以降顕在化し、今や地球の問題になっている。「生命」の関わるところは、金融経済支配の社会では悲鳴をあげ

ざるを得ないのである。

経済のありようを変え、生命から出発して技術へと向かい、そこから普通の人が普通の生活を楽しめるほどの（ぜいたくを求めない）豊かさを生みだす道を考えることが許されるなら、農林水産業も医療も教育も環境も、それを支える技術は十分にある。とくに日本には伝統技術と先端技術の両方があり、それらを組み合わせれば、たとえば付加価値の高い農産物をつくり自給するだけでなく、輸出を広げ産業として伸ばせる可能性は十分にある。

たとえば、スリランカ出身でマンゴー評論家を自称する立命館アジア太平洋大学のモンテ・カセム元学長は、「宮崎のマンゴーが世界一」と太鼓判を押した。このような例は日本中に見られる。とくに農業に関心をもつ若者が増えているので、その実態をとらえ、ネットワーク化して互いの力を合わせて相乗効果を出すシステムづくりが必要である。それらを核にして、人々が求める方向を支援するように、農政をはじめ農業をとりまく環境を変える必要がある。机上での計画でなく、実態を基本に考えていくことが不可欠である。

その一つとして農業高校の重要性を指摘したい。農業高校での教育、そこでの若者の意識には大いに期待できるものがある。高校全入という背景を考えると、今後は職業高校の割合を高め、技術を通して体を動かし、考える若い人たちを育成することが重要になると思う。ところが現在の偏差値一辺倒の教育では、職業高校の評価は理不尽なまでに低められており、職業高校を減らす動きにもなっている。実際には農業高校で活躍している生徒たちはすばらしく、新品種や新製品の開発まで手がけているのだ。

職業高校の評価を高め、教育の中にしっかりと位置づけ、有能な生徒を教育するという核をつくり、それを生かす産業システムをつくるのが新しい農業への具体的な道になるだろう。ここでは農業と農業高校という例を考えたが、これは職業高校すべてに言えることである。工業、海洋、商業等についても、専門技術者養成を社会としても高く評価し、プライドをもって学び、育っていく場として位置づけることが望まれる。とくに農業の場合、これまで専門技術者という見方がなかったが、これからは新しい可能性を拓く技術者として育てる必要がある。

医療については、「ライフステージ医療」を提案したい。パーソナライズド医療という言葉がさかんに使われるが、それは通常個人のゲノムを解析することを基本にしている。医療が科学技術化しているために、あたかもこれこそパーソナライズドであるかのように言われるが、日常感覚でのパーソナライズド医療とは、赤ちゃんのころからを知っているかかりつけの医師が顔色を見て、「今日はちょっと具合が悪いのではありませんか」と言ってくれるものである。

このような医療システムの提案を医科大学で学生たちに話すと、若者たちの反応はよい。専門家としての技術とともに、一人ひとりの人間を看るという考え方で医療に関わりたい気持ちは強いようである。ライフステージという意識は医療を変えるだけでなく、高齢者を一くくりに扱わず、能力ある高齢者は社会に貢献できるようにすることにもつながる。

一つひとつの分野について詳細を述べる余裕がないが、いずれもライフ（生命、生活、一生等の意を含む）が基本になる。このような社会では地域社会が重要になり、大都市等への一極集中を止めることがすべての前提となる。

(2) 生きもののもつ能力を技術に生かす

生命科学が進展し、DNAや細胞を活用した新技術によって創薬や作物の品種改良等が進められてきた。このような技術の活用には意義があるが、機械論的世界観でこれを用いると、医療でのいきすぎた延命治療など、患者の生活の質は本当に上がるのかという問いが生まれることになる。

生命論的世界観では、生きものが生命体維持のために行なっている機構に学ぶことを技術の出発点にする。生体内での機構の特徴は多いが、とくに化学反応が循環を基本にしていること、少ない部品を巧みに組み合わせて複雑な作業をすること、可塑性のあること等をあげたい。これまでの技術が一直線の大量生産・大量廃棄であったことを反省し、省エネルギーやリサイクルへの関心が高まってきた。実は、生命体はリサイクルを超えてサイクルを実行しており、そこから学ぶことは多い。

生命論を基本に置く社会など、グローバル経済の中では実現不可能である、そんなことをしていたら競争に負けてしまうと言われるだろう。しかし、グローバル経済に勝つと、どのような社会になるのだろうか。思いきって一人ひとりの人間を大切にするという発想で社会を組み立てることを決心し、その方向に動いたほうが暮らしやすい社会になるに違いない。どこの国ともけんかをする必要はない。自分たちの国をどういう国にするかは自分たちで考え、そのうえで他国と交渉すればよいのだ。自分で考えずにグローバル経済を所与のものとして、そこでなんとかしなければと右往左往している間に、日本の国の質はどんどん落ちていってしまう。経済力だけでなく社会としての質が落ちる。一人ひとりを大事に、とくに小さな子どもたちの未来を明るくするにはどうしたらよいかを、みなで考えなければならないところにいる。

日本が国際社会の中にあることはまぎれもない事実であり、孤立することはない。しかし、まずこの国に暮らす一人ひとりが幸せを感じ、生きがいをもち、未来を信じて生きる状況でなければ、〝かけがえのない生命をもち、たった一度の人生〟を生きる意味はなくなる。私は、日本人は知・情・意のすべてにおいて、質の高い能力をもっていると実感している。そして良質の文化・文明をもち、これは、日本のすばらしい自然が育ててくれたものと思っている。それゆえに、「人間は生きものであり、自然の一部である」を基本に置く生命論的世界観の中で良質の社会をつくっていく能力に長けているはずである。

ただ、そのためには「生きている」という現象をよく見つめ、「生きる」とは何かを考えなければならない。今、私たちはじっくり考えることを忘れてはいないだろうか。今こそ日本をみなが暮らしやすい社会にするために考え、話しあい、新しいシステムを構築していくときだと思う。

先日国賓として来日されたブータン国王夫妻は、とても魅力的だった。ブータンが出している「共有できる幸せにつながらないような、あるいは社会的な幸せにつながらないような目的に向かって、なぜ競争をするのでしょうか」という問いは私の問いと重なる。あれは小さな国だからできるのだとか、貧しい国だからだとか言わず、素直に学びたいと思う。子どもたちに向けて、「経験によって大きくなる心の竜を育てましょう、大事なのは幸せです」と語りかけるおとなが、今の日本の社会から消えていることがとても残念である。

2 「いのち」を基盤とする社会

地球環境〝問題〟から離れる

どこかおかしい。近年気候についてこう感じることが増えた。昨夏（二〇〇四年）は、東京での最高気温が三九・五℃（大手町の気象台での計測）と、四〇℃にもう一息という高温を記録した。また、大型台風が次々と来襲し、日本列島をなめるように通過していき、農業にも日常生活にも大きな影響を残していった。また、今年は黒潮が大きく蛇行してカツオが不漁であるというニュースも先ほど聞いた。

「年々歳々花相似たり。歳々年々人同じからず」と言い、人間は変わるけれど、自然は毎年変わらず、同じときに同じことをくり返すと思いながら暮らしてきた。とくに日本人は、俳句に季語があるように、季節の移り変わりとそのくり返しに見られる安定性との組み合わせを楽しむ文化を育ててきたのである。それが、思いがけないときに台風が来たり、雪が降ったりと、これまでに培ってきた季節感を揺るがすような例に出合うことが増え、気持ちがおちつかない毎日が続いている。

そこに、地球環境問題なるものが登場した。その経緯や具体的課題についてはここでは触れないが、近年とくに話題になっているのが、地球温暖化である。実は、「年々歳々花相似たり」と言っても、長い時間の中では自然も変化しており、しかもそれがかなり激しい変化でもあることは、近年の科学研究で明らかになりつつある。温度変化を見ても、地球全面凍結と言える時代まであったことがわかってきているのである。ただしこれは、地質学的な時間の流れの中での変化であり、変化の単位は数万年であったり、ときに数百万年だったりする。それに対して、最近感じる変化は、かなり短期間に見られ、この変化がはたして地球本来の流れに乗っているものなのか、それとも他に原因があるのかを問う必要がある。

ここで、現代社会が頼るのが、「科学」である。二〇世紀は科学が急速に進展した世紀であり、科学信仰が高まった。宇宙、地球、生物、人間という、日常感じるふしぎについても、今や百年前とは比べものにならない知識がある。しかも、科学の成果を生かして産みだされた科学技術が、さらに科学の知識を増やすという相乗効果が生まれている。ハッブル望遠鏡やすばる望遠鏡が教えてくれる宇宙の姿にわくわくし、科学と科学技術があれば何でもわかり、何でもできると錯覚してしまうのも当然かもしれない。「地球環境問題」もそこで考えられることになる。

科学とは、因果関係をはっきりさせ、それを数量化して示すことであるから、温暖化についても、その原因は何であるか、それがどのようにしてどれだけの温度変化をもたらすかを科学の力で明らかにし、科学技術で解決するのが正しい対応であるとされる。そこで、科学で解明されない限り、問題として取りあげ対処する対象にはならないという判断をする人や国があっても、文句はつけられないことになる。「どこかおかしい」ではダメなのである。

それでは、科学は環境問題を明快に解明し、科学技術はそれをみごとに解決できるのだろうか。おそらくそのようなすっきりした答えを現在の科学の方法だけで出すのはむずかしく、新しい方法が開発される前に、水不足や食糧危機が来るのではないか。そのような懸念が出されている。食べものの不足の辛さを体験している世代としては、人間の闇の部分が表面化するであろうそんな社会を招きたくはない。

ここで考え方を変えよう。環境〝問題〟とか、科学・科学技術というところから出発せずに〝人間〟の側から考えはじめるのである。しかもそれは、ヒトという生きものであることを基本に置いた人間である。

ヒトという生きもの

私たち人間が生きものであることは、自明である。しかし、生きものであると考えたときに、私たちの日常生活やものの考え方がどうなるのかということは、自明とまでは言えない。ここで科学を援用しよう。

現代生物学は、地球上にいる生きものはすべて、その中にＤＮＡ（その総体としてのゲノム）をもつ細胞でできており、三八億年ほど前に海の中で生まれた細胞の子孫であることを示した。もちろん人間（ヒト）も例外ではない。生きものは、つねに外から物質・エネルギー・情報を取りいれ、内からもそれらを出している。私たちが環境とよんでいるものは、完全に外部にあるのではなく、自分自身とつながっていることがわかっている。

他の生きものたち、水、大気、土などなど。これらを「自然」ととらえ、私たちもその一部とするのが、人間をヒトという生きものとしてとらえるということである。人間と環境とを対置せず、自然の一部としての人間が、そこで思いきり生きるとはどういうことか。このようなテーマに向き合うのが、私が一五年ほど前（一九九三年）から始めた「生命誌」なので、以後その切り口で考えを進めていく。

ヒトと人間

先に、「自然の一部として人間を位置づけ、思いきり生きる」と書いた。地球上には五〇〇〇万種（これがすべて祖先を一つにしているのだからおもしろい）とも言われる多様な生きものが暮らしており、それぞれがその特徴を生かして思いきり生きている。そこには、自分の生をまっとうする（食べたり身を守ったりする）他に、子孫を残すという役割がある。野生動物にとって餌探しは大変な作業、しかも互いが食べる食べられるの関係にあるので、食べられる側としては身を守らなければならない。懸命に生きなければ待っているのは死だ。子孫を残すのはさらに大変である。

ヒトももちろん懸命に生きている。ヒトの特徴は、言うまでもなくとび抜けて大きな脳（とくに大脳新皮質)、器用な手、立体視・色彩認識のできる目、言葉にある。これらを使って生まれたのが、文化・文明である。なかでも、現在、環境〝問題〟を生じさせている原因は、文明のありようにあるので、これを見ていこう。と言っても、文明論をくり広げるとそれだけで紙幅を使ってしまうので、大ざっぱに、農耕牧畜、都市、工業という三段階にまとめることをお許しいただきたい。

人類誕生のころは、狩猟採集により、まさに自然の一部として暮らしていた。そこに入ってきたのが農耕であり、これは自然へのはたらきかけをするために、環境破壊の始まりとも言われる。しかし、農作業は対象がすべて自然であり、そのリズムで行なわれてきた。自然のリズムを尊重した行為であれば、そのはたらきかけは破壊とよぶほどにはならないはずである。手入れの行きとどいた「里山」を例にあげることができる。

自然離れを求めた都市化、工業化、そして科学技術文明

問題は、人間が自然離れを求めたところにあるのではないだろうか。私たち日本人は、自然という言葉で花鳥風月を思いうかべ、やさしいものとしてとらえがちだが、実は自然はかなり

めんどうなものである。風水害や地震、火山の噴火などはもちろん、日常の暑さ、寒さ、雪や雨を考えても、その力の大きさと、それらがもたらす影響は切実だ。ここからなんとか身を守ろうと人工物をつくってきたのが、自然とのかかわりの中での都市化、工業化への道だったと言える。

人間は、自然の征服が自らの生活をより快適にするという価値観をもつようになった。その過程で、森林破壊と砂漠化が各所で見られたことは、歴史に明らかである。工業化では、便利さ、つまりあらゆることがらを思いどおりに動かすこと、しかもそれをできるだけ速く行なうことをよしとする価値観を生みだした。環境問題というテーマでの問題は、この価値観にあると言ってもよい。もっとも、これはかなり乱暴なとらえ方ではある。

都市文明と言っても、地域による特徴があることはもちろんであり、それを数行で語ることなどできない。たとえば、日本最大級の縄文集落跡の三内丸山（さんないまるやま）遺跡（青森県）は、城壁はないが、計画的な構想で整然とつくられ、日常生活の豊かさを思わせる出土品がたくさん発見されており、都市と考えてよいとも言われている。これに限らず、地球上の各地に生まれた文明を追えば、多様な姿があり、自然の一部としてのヒトという視点から学ぶべきものも少なからず存在する。

ただ、二〇世紀に入って急速な進展を遂げ、工業化を支えてきた科学技術による科学技術文明に入ってからは、一律な自然離れが広がり、それが、いわゆる環境問題を引き起こす体質をもつところに問題がある。この認識を基本に論を進めるので、そこにつながる都市化、工業化、科学技術文明という流れを大きくとらえておきたかったのである。

自然は一つ、そして人間もその中に

自然離れをし、便利さ（できるだけ速く思いどおりに）を価値とする科学技術が見る「自然」は、三つの顔をもっている。一つは、めんどうで脅威にもなるので、制御・支配下に置きたい自然である。第二は、便利さを支える装置（建造物、機械など）をつくるために必要な物質やエネルギーを供給してくれる自然である。石油なしの現代社会は考えられない。そして第三は、花鳥風月、心を慰め、体を休ませてくれる自然である。日常は都市の高層ビルでコンピューターを駆使して〝マネー〟を動かしている人も、ときには緑に囲まれ、温泉でゆったりしたいと思うだろう。

自然がこの使い分けを許してくれるなら、結構な話である。しかし、自然は一つ、こんな勝手な使い分けは無理だという警告が環境問題であり、多くの方がそれには気づいている。ただここで、生命誌の立場からもう一つ、指摘しておきたい。

人間も自然だということである。環境問題が対象にする外の自然に対して、内の自然というよび方をしよう。先に述べた自然の使い分けは、私たち自身のもつ自然、つまり身体と心とに影響を及ぼした。大量生産、大量消費、効率をよしとする社会が産みだした物質が身体に影響を与えた例は少なくない。水俣病、ぜん息などのさまざまなアレルギー。身体に直接影響することがない安定な物質であるフロンが、オゾン層破壊という現象を通して、地上に降ってくる紫外線の量を増やす（紫外線はＤＮＡを壊す力をもつ）という思いがけない現象も起きた。

心のほうは、直接の因果関係を明らかにする影響をあげるのはむずかしいが、効率一辺倒でスピードを求める社会が心の安定を失わせていることは、だれもが感じているのではなかろうか。自殺者が年間三万人近いとか、うつ病と診断される人が七人に一人の割合だなどと聞くと、どこかおかしいと思わざるを得ない。ここで、安らぎの場としての自然をもちだしても、それは身近にはなく、ゆっくり休養する暇もないのである。

つまり、環境問題とは、自然は勝手に使い分けられないという警告であり、人間の内にある自然も別のものではないということを教えているのである。本来自然は一つであり、しかもヒトはその一部であるという事実を再確認し、価値観や暮らし方を変える必要がある。環境問題と称してそれを解決しようとしても、現代の科学技術文明の底にある便利をよしとする価値を追求し続けていたのでは、少々の節約や対策技術の開発では解決できそうにない。

「いのち」を基盤に

ここではっきりしておかなければならないのは、科学技術が悪いわけでもなければ、便利な生活がすべてダメなのでもないということだ。身近な家事をとってみても、洗濯機、冷蔵庫、電子レンジなどの製品にどれだけ助けられているかわからない。テレビ、DVD、コンピューターなども生活に深く入りこんでいる。ただ、テレビのスイッチを押したら画面が出るようにするためなどの家電の待機電力が、一世帯平均年に四三七キロワット時、家庭の電力消費量の九・七%にあたるという調査結果を見ると考えこむ。全家庭で原子力発電所三基分になるのだから。

そのような便利さを求めるために、生態系が壊れ、生きものである人間も壊れかねないという事実をふまえ、判断の基盤を「いのち」に置く選択への転換を提案したい。

「最も大切なものは何か」と改めて問えば、「いのち」以上のものはないだろう。しかし若者に今、「一番大切なものは」と問うと「スマホ」と返ってくるのも、さもありなんと思わせるのが現実の社会である。そこで「いのち」を基盤に置く社会をつくるにはどうしたらよいか。二〇世紀に築いてきた科学、科学技術を否定したり、そこから離れたりするのではなく、それを包含するより広い視点を生みだしたい。

それには、地球上に暮らす生きものは、みな、三八億年の歴史を共有する仲間であり、その暮らし方はこれからも続いていくという、現代生物学の知識を生かす必要がある。幸い、すべての生きものがもつ「ゲノム（DNAの総体）」を調べることで、生きものの歴史を知り、生きているとはどういうことかが読みとれるので、そのデータを生かしたい。

細胞内でのゲノムのはたらき方が解明されるにつれてはっきりしてきたのが、非常に複雑なことがらを、現場に対応してみごとに解決していく生きものの姿である。従来、DNAを「遺伝子」ととらえ、これがすべてを決定する機械として生命体を理解する努力がなされてきた。ところが、研究が進むにつれて、大枠は決まっているが、環境にどう対応するか、どう行動するかという具体策は、かなり現場対応型になっていることがわかってきた。分散型で、柔軟性のある系、しかも進化の過程などは、予測不能なところのある系が生きものなのである。

では、このような科学が、生きているということを完全に理解することができるかと問えば、おそらくそれはなかろうと思う。というより、本来私たちにとっての「わかる」とは、科学的理解だけを言うのではない。学問的「知識」、生きものとしての「感覚」、多くの先人が蓄積してきた「知恵」を重ね合わせてこそわかってくるのだ。「〝いのち〟を基盤に置いた暮らし方」を探りだすために必要なのは、このような「わかる」という総合知である。

地球を意識しながら地域社会をつくる

大型化、一極集中、過剰な競争、効率一辺倒は、生きものには合わない。生きるということは過程そのものであり、過程を見つめずに結果だけを求めることは、いのちをないがしろにすることにつながる。

まずいのちから始まる暮しは、各地域が、その自然と文化を生かした特徴を出すものになる。しかも地域は、つねに世界とつながっている。これを具体的に考える例の一つが、食べものだろう。環境問題の解決を求めて、今、私たちがやらなければならないことは、食べものを自分の手に取り戻すことではないだろうか。ＦＡＯ（国連食糧農業機関）が、地球温暖化が進むとアフリカ諸国やインドなどで農業適地が大幅に減るという研究報告を出している。一方で、アメリカ、カナダ、欧州、ロシアにある標高の高い地域が開拓可能になる可能性も示し、これが南北間の不公平の拡大につながりそうだと警告している。

正確な予測はむずかしいが、近年のさまざまな研究は、食糧に関してあまり明るい未来を示していない。いずれにしても、食べものは生命を支える基本であり、農業は効率一辺倒ではないプロセス型の産業である。経済成長の時期に国際分業論が出され、効率の悪い農業は国外に出したのだが、この考え方を見直す必要がある。そもそも食糧を輸入し、そこから出る廃棄物を国内で処理すると、焼却すれば二酸化炭素の発生源になり、有機物として戻すとチッ素過剰になってしまう。自国での生産なら物質循環の中で行なえる。

農業を環境破壊の始まりと位置づける見方も重要だが、日本の里山のように、自然を利用しながら持続させる手の加え方はある。二一世紀は、生物に関する知識を、従来その土地が蓄えてきた自然に関する知恵と結びつけて、生産に持続性をもたせ、なお自然としての価値も十分に保つ農業を組み立てるときである。食糧問題と農業の未来として、今、日本の各地でこのような農業が始まりつつある。身近で生産された作物は、安心しておいしく食べることができ、身体にも心にもよい効果をもたらす。自然の中での作業は、生きもののもつ時間に合わせて行なわれるので、それ自体が心身によい影響を与える。

自然と人間を対置させ、環境を外とだけ考えて、便利さだけを求め続ける限り、環境問題はなくならない。人間を自然の中に置き、そこで人間のもつ特徴を生かして文化、文明を築いていくなら、環境は生きることとつながり、つねにわが身とともにあるものになる。いのち、つまり生きることを大切にする暮しを考えるなら、たとえば乗り物の開発は、もはやスピードではなく、交通システムとしての利便性、安定性、安全性への挑戦が重要になる。この選択は、各人がつねに頭と体をはたらかせることを求めるが、そのめんどうさを引き受けるのが生きるということなのだから、それを楽しもう。

3　生命論的世界観の構築

生と死にどう向き合うかと問われて

今、私たちは、生や死、老いなどに向き合う文化をもっているだろうかという問いには、残念ながら否と答える他ない。そして、それはなぜかという次の問いが生まれてくる。これへの明確な答えはないが、おそらく、一人ひとりが世界観をもてなくなったことと関わっているのではないだろうか。そこで、地球上の生物がすべて細胞（DNAの総体であるゲノムをもつ）から成るという事実を基盤とする「生命誌」の視点から、科学技術時代と言われる現代社会をふまえたうえで、生や死に向き合う文化を創るにはどうしたらよいか考えてみたい。

神話と科学

人間は、まとまりのある世界観をもたずには安心して生きていくことができない。私たちはどのようにして生まれ、どのように生き、どこへ行くのか。それを自身の世界観のもとで考えながら生きることになる。歴史を追ってみると、長い間統一性のある世界観を示し安心感を与えてくれていたのが、神話であったことが見えてくる。ところが、現代社会では、すべてを科学で理解しようとするあまり、神話の非合理性などを理由にその世界を壊してしまった。フランスの分子生物学者F・ジャコブは、「一七世紀には理性を人間の行為を扱う便利な道具として導入する聡明さがあった。その後、理性が単に必要なだけでなくすべての問題を解決できると考える愚を犯した」と言っている[1]。理性についての的確な指摘であり、今、科学が抱えているのがこの問題である。科学は個別テーマに対する確実な答えを積みあげるところから一般解に近づく方法であり、とりあえず現時点の最高の解を求めるものなのである。

したがって、生命とは何か、宇宙とは何かという問いに対する答えが出るようにはできておらず、全体を説明しきるものではない。こう考えたうえでジャコブは続ける。「だからと言って理性を、科学を不要なものとするのはもっとバカげている」と。二一世紀は、科学をこのように位置づけ理性に基づきながら、神話に代わる世界像をどのように組み立てるかを考えるときである。誤解を恐れず言うなら「現代の神話」をどう語るかということが、今、科学が直面している課題である。科学は一つの曲り角にあり、おそらくこれを曲りきることができれば、新しい物語がつくれるのではないだろうか。宇宙について、生命についての研究の現状を見ながら考えを進めよう。

(i) 宇宙論──物理学

宇宙論の研究者S・ホーキングが市民講座で、最新科学が明らかにした宇宙の姿を話したときのエピソードが好きだ。最前列で熱心に聴いていた老婦人が、「とても興味深いお話をありがとうございました。ところで世界はすべて、大きなカメの上に乗っているんですわね」と話しかけてきたというのである。この婦人の日常生活は、おちつきのある心豊かなものに違いない。

私たちは物理学を、この世界を素粒子に還元し、すべてを数式で証明する学問と考え、それを追究してきた。そのようにして小さな世界に根元を追ってきた物理学者が今、宇宙の生成を語っているのである。京都大学の蔵本由紀（よしき）は、物理学は、物質のミクロな基礎を与えたから自然科学の基礎とみなされてきたと考える人が多いが、実は「スケールの大きな普遍構造を自然の中に発見すること」に意味があるのだと言う。そして、普遍性の中に「遡源的普遍性」と「創発的普遍性」があり、前者はまさにミクロの基礎を探ることを求めるが、後者は多様性を横断的に統合する普遍性だと言う[2]。これ以上詳細を語る余裕がないが、ここでは日常のスケールの中で見えてくる複雑な自然に向き合い、そこから基本構造を探る知の必要性が述べられているのである（後述するが、この日常のスケールがまさに生きものであり、人間である）。

このような知を形成する一つの方法は、多様性が現れる過程を追うことだろう。宇宙論はまさにそれである。近年の宇宙論の進歩はすばらしく、ホーキングの講演以降、より明確な宇宙の姿が見えてきている。一三八億年前に無から誕生した宇宙は、誕生後10^{-46}秒後からインフレーションと称する急激な膨張をし、10^{-34}秒後に真空の相転移*は終了した。その後、ビッグバン、「宇宙の晴れ上がり」と続き、宇宙は今も膨張を続けていることがわかったのである。なんとも明快で、帰宅途中にまたたく星（私の家の近くは、樹木が多く夜は暗いので星が見えるが、それにしてもその数は少ない）を見るとき、科学が明らかにしたみごとな宇宙像を思い描きながら星を眺める幸せを思う。

＊相転移……固体の融解・昇華、液体の凝固・蒸発、気体の液化、結晶構造の変化など、物質の状態が変化すること（『広辞苑』より）。

ところで、このように明快な過程を示した宇宙科学は、同時に思いがけないことも教えてくれた。これまで私たちが世界をつくる全体だと考えてきた物質は、宇宙の四%を占めているにすぎず、二〇%ほどの暗黒物質（ダークマター）、七五%もの暗黒（ダーク）エネルギーが存在するというのである。科学は、これらの本体を自身の言葉で説明しなければならない。一つの謎を解くと必ず新しい謎、それもたいていは解いた謎よりもめんどうなものが生まれてくるというのが科学である。暗黒物質や暗黒エネルギーについて考える科学が始まっている（今日送られてきた科学誌には、暗黒エネルギーはないかもしれないという論文があった。世の中は動いている）。そこで研究者はあることに気づき、それを語る気持ちにもなっているのである。

現代社会が科学で理解しようとしたあまり壊してきた神話の再認識である。実は古代インドでは、私たちの暮らす場所を支えてくれているのが二匹のゾウ、その下を大きなカメ、さらにその下を大蛇が支えているという世界観をもっていたという。最初に紹介した老婦人と重なる話である。ここで、ふと考える。ゾウが、今わかっている四%の物質だとすると、カメは暗黒物質、その下にいるヘビは暗黒エネルギーと言えるのではないかと。世界を見えないところで支えてくれているものがあることで安心する気持ちは、現代に生きる私たちにもある。

見えるものを見えないもので説明するというところは、神話も科学も同じなのである。研究者は、つねに見えないものを探しながら新しい科学を創ってきたのである。みごとな宇宙像を描いた科学は、カメやヘビが登場する神話を思いうかべながら、暗黒物質や暗黒エネルギーの解明を続ける状況を生みだした。研究者には、ここから科学による世界観、宇宙を語る物語をつくっていくことを楽しむ気持ちが生まれているのである。創発し、自ら系をつくりあげていく自己組織化の系として自然を見る時代が来たと強く感じる。

(ii) 生命誌——生物学

生物学でも同じことが起きている。一九世紀から二〇世紀にかけて、細胞やDNAの発見が続き、物理学にならって、基本になる因子で生命体を説明しようとする還元論に基づいた研究が行なわれてきた。メンデルの観察は、〝エンドウマメにしわがある、ない〟などの表現型に対応する一つの因子があることを示した。その後、細胞内での反応が調べられ、一つの遺伝子は一つの酵素をつくっていることが明らかになり、一遺伝子一酵素説が生まれた。こうして、表現型―酵素（タンパク質）―遺伝子という図式が描かれたのである。しかも、遺伝子はDNAという物質であることが確定しているのだから、細胞内のDNAに遺伝子を探し、そのはたらきを調べれば、生命現象は解明されると考えることになった。これで、物質で生命を説明する科学ができあがると期待したのである。

しかし、DNAの解析が進むにつれ、この図式は崩れてきた。これも詳細を語る余裕はないが、結論を言えば、遺伝子の明確な定義ができなくなってきているのである。ここでもまた新しい謎が生まれたと言える。そもそも科学は、宇宙や生命のすべてを説明する学問ではなく、自然界のある特定の対象を限られた方法で精密に解き明かしていくものであるという原点に戻り、遺伝子とは何かというところから問い直さなければならなくなったのである。DNAが生命現象に関わる基本情報をもち、それを子孫に伝達するということに関しては、みごとな答えが出された。DNAの複製とそれがタンパク質のアミノ酸配列を決めるしくみの解明は、これまでなされた科学研究の成果としても一、二を争う切れ味を見せたと言ってよい。自己複製することによって個体の自己同一性を維持すると同時に子孫にその性質を伝える。これぞメンデルの発見した因子（遺伝子）そのものである。

ところが研究が進み、一つの細胞内にあるDNA（ゲノム）の全塩基配列を解読してみたら、タンパク質のアミノ酸配列を指令しているのは全体の一・五％にすぎないことがわかった。これまで宇宙を構成していると考えていた物質が、実は全体の四％でしかなかったという事実を思い出させる。DNA全体、つまりゲノムに注目し、全体としてのはたらきを見ていくなかに遺伝子を位置づけなければならず、一つのタンパク質を指令するDNA断片を遺伝子とよんだのでは、その生物学的な意味があいまいになるのである。メンデルの場合、エンドウの背が高いとか低いとかの表現型を決める因子を考えたわけだが、タンパク質一つが特定の表現型を決められるはずがない（もちろん、なかには一個のタンパク質が一つの表現型につながる例もある。具体的には遺伝病にはそのような例が多い）。

つまり知能の遺伝子、愛の遺伝子などはないのであり、多種多様なタンパク質のはたらきの総体としての表現型を考えなければならない。いや、これも正確な言い方ではない。多くのタンパク質がどのようにはたらくかは、環境を含め、さまざまな要因が関わってのことであり、一対一の因果関係で語れるものではない。予測不能性、別の視点から語るなら偶有性（偶然的な性質）こそ生きものの特質と見ること、それが現代生物学が示す生きものの見方である。このようにさまざまな姿を見せる際の普遍性の探求が必要になり、これこそまさに蔵本さんが指摘した多様性を結合する「創発的普遍性」（本書六九頁）であろう。

生命科学にこの「創発的普遍性」という視点を入れたのが生命誌だと言える。三八億年ほど前に地球の海で生まれた祖先細胞からの多様な生きもの創成の歴史を追うことが生命を知ることにつながると考えたのである。生物の特性は自己創出しながら継続していくことである。幸い生きものの場合、細胞内にあるＤＮＡ（ゲノム）が自己創出の機能をもち、変化しながら続くことによって現存の生物ではたらいている。つまり、現存生物のもつＤＮＡの解析から、それぞれの生きものがたどった歴史と生きものたちの間の関係が見えてくるのである。

もっともここで白状するなら、生命誌を始めて以降の研究はこの歴史の複雑さを示しており、ゲノムから歴史を解くことのむずかしさを実感している。自然は複雑だと溜息が出る。しかし、創発的普遍性と自己組織化は明らかに見えるので、なんとかして生きものを知ることから生まれる世界観、生きものたちの語る物語をつくりたい[3]。

社会の中の科学、ではなく科学技術

これまで述べてきた科学の流れに、生や死はどう入りこむか。次にこれを考えたいのだがその前に、一般には科学は世界観をつくるためではなく、実用のためにあるというのが大方の受けとめ方になっている現状を見ておかなければならない。

とくに、科学技術基本法制定（一九九七年）以来の日本では、科学が科学技術にのみこまれ、科学が科学として存在できなくなっている（これは非常に大きな問題であり、根本的に考えなければならないことだがここでは指摘だけにしておく）。科学を科学として存在させない科学技術には、人間が人間としての豊かさを生きる社会をつくる能力はない。「科学技術社会では生や死に向き合えない」という気分が、多くの人々の間にあるようだが、それは今の日本社会が世界観をもたず、〝生きる〟ことに相性の悪い科学技術と経済とだけで動いているからである。

新聞・雑誌・テレビに登場する「科学」は、〝役に立つか〟と〝自分が考える代わりに自然や人間を説明し答えを教えてくれるか〟の二つでしか見られていない。これは科学の役割ではないのに、それだけを求めているのである。この状況を変えずに科学技術社会で科学を語っていても空しい。生や死を語るのはさらに空しい。科学に本来の科学の役割を与えること、これなくして社会は変わらない。つまり、今の社会に必要なのは経済と科学技術に振りまわされる状態を変えることなのだが、これはあまりにもむずかしいので、私としては科学を求めることに徹するという選択でお許しいただきたい。

新しい科学の流れが創る世界観

現在の科学は、ミクロを追究する「遡源的普遍性」と同時に多様性を統合する「創発的普遍性」を求めるところにあることを述べてきた。実は、ここにすでに世界観の転換が含まれているのである。

現代科学の始まりは、一七世紀のヨーロッパでの科学革命にある。もっともこのときの科学はまだ宗教（神）から独立しておらず、一八世紀啓蒙主義による神との訣別があって後、一九世紀に新しく起きた個別科学が今につながっているのだという経緯は、頭に入れておかなければならない。とくに日本の科学は、一九世紀に生まれた個別科学を取りいれるところから始まったことを考えると、これは重要である。しかし、ここで注目する世界観について言うなら、やはり一七世紀のガリレイ、ニュートン、そしてベーコン、デカルトからのつながりを考える必要がある。ガリレイは「自然は数学で書かれた書物である」と言い、ニュートンは、色を波長に分け数値でとらえた。ベーコンの主張する「知は力なり」「自然支配」と、デカルトの「機械論的自然観」は現代の科学技術社会の基礎と言ってよい。

こうして「自然を機械とみなし、数値で理解し、支配する」という世界像のもとで暮らすことになったのが現在である。ニュートンに対してゲーテが、「実験で拷問にかけて見た自然は自然ではない。もっといきいきした自然を見なければいけない」と語ったと言われている。もちろん、ニュートンが生みだした光学はみごとな科学であり、非難する余地はないが、色の質(クオリア)まで語る現代科学では、改めてゲーテの言葉に耳を傾けてもよいだろう。彼の言ういきいきした自然とはまさに「機械とみなされた自然」ではなく、「それぞれに生まれてくる自然」である。

科学の進展により、自然から数値によって解析できるところだけを取りだして解析するのではなく、自然そのものに向き合うことができるようになった、というより向き合わざるを得なくなった。多様なものが生まれでること、状況に応じて自らをつくりあげていくことに目を向け、「創発的世界像」、「自己組織化する世界像」を構築する必要が出てきたのである。そのような自然の象徴は「生命」なので、これを機械論に対して「生命論的世界観」とよびたい。これまで私は生命については「自己創出」という言葉を用いてきており、生きものの場合は、ゲノムの情報をもとに自身を創りあげていくので創出という言葉が的確なのだが、科学全体を考えるためのより広い言葉としては、創発、自己組織化を用いることになる(4)。

科学史・科学哲学の伊東俊太郎が同じように「創発自己組織系の自然観」への転換のときであることを述べており、そこでのデカルトの自然学は、「自然から一切の能動性、自律性を奪った」と表現しているのが興味深い。これまで機械論については、幾何学的延長として質的なものを無視し、要素還元論、心身二元論につながった点は語られてきたが、「能動性を奪う」という言い方はされていない。自然を数字で理解し、機械として操作するという考え方は自然の能動性を奪っているという見方は的を射ている[5]。

生命論的世界観の中で

科学が新しい世界観を創りつつあることを述べてきたが、まだこれは構築中であり、多くの考察を必要とする。ここでは、近年進められた生命の科学的理解を基本に、今、可能な範囲で、生と死の問題を考えてみたい。

現代生物学は、地球上の生物はすべて一つの祖先から出発した仲間であり、人間も仲間の一つであることを示した。これは生命の起源以来の三八億年という時間、地球全体に広がる五〇〇〇万種以上と言われる多様な生きものたちの中に自分を置くということである。そこで、さまざまな生きものたちの生きている姿を見つめると、それは「続いていく」ための工夫を重ねていることに気づく（続くものが生き残ってきたのだということなのだろうが）。

そこでの大きな事件はやはり、多細胞化によって個体を生みだし、世代を変えていく方法を編みだしたことだろう。ここで登場するのが「多様性」と「個体の死」の組み合わせである。この二つが「生き続けることの中でのみごとな発明」として生じたことになる。多様性は、アリもいればカラスもいる、バラも咲けばタンポポも咲くという特徴あるさまざまな種が存在するというだけでなく、種の中の個体のもつ多様性、つまり個々の違いをも生みだした。それで、一つひとつの個体が唯一無二の存在という価値をもつことになる。

物理学者戸塚洋二のがん闘病記に、がん治療を考えるときに大事にすべきこととして、「みんながみんな違うんです。エンジンの悪くなった歯車をひとつ取り出して新しいのをつみ替えるのとは違います」と強い調子で書かれていたのが印象に残った(6)。一人ひとり違い、その一人も今日と明日とで違い、病気もみんな違い……とにかく唯一の存在としてあるのが生きものの世界の特徴であることを改めて感じる。「遡源的普遍性」を追求しつくした物理学者の言葉だけに重い。

生を続けるために、一つひとつ違うものが生みだされたのだが、そこには死が伴うことになったという事実。どこか矛盾を感じざるを得ないこのしくみだが、その矛盾について考えていくとそこで出てくるのは、矛盾あってこその生ではないかという答えなのである。これも詳細を述べる余裕はないが、調べれば調べるほど〝矛盾から生じるダイナミズム〟が生きていることを支えていることがわかってくるのだ。

こうして生命論的世界観をもつことの具体が見えてくる。一つは、途方もない長い時間を実感することである。生命誕生からの三八億年（実はこれは宇宙誕生からの一三八億年につながる）、これからどのように流れていくか予測不能の長い時間（とにかく続いていこうとしているのだから）の中に自分を置くことである。そして二つめとして、その中に存在する生きもののもつダイナミズムを生みだす矛盾を、否定するのでなく、むしろみごとと受けとめることである。今、科学を学ぶことの幸せはこの二つを実感できることであり、専門外の人に伝えることがあるとすればこの感覚である（くどいようだが、役に立つという話ではない）。

機械論に基づく現代社会は、効率と唯一の正しい答えとを求めており、この感覚とはほど遠い。そこにはいきいきとした生はあり得ず、生のないところで死を考えることはできない。現代科学が求めている新しい世界観を社会の多くの人が共有し、新しい物語を紡いでいけるようにすることで生が浮かびあがり、死と向き合えるのではないか。これが唯一の正しい答えであるなどとは決して言わないが。

参考文献

(1)『可能世界と現実世界――進化論をめぐって』F・ジャコブ(みすず書房、一九九四年)
(2)『新しい自然学　非線形科学の可能性』蔵本由紀(岩波書店、二〇〇三年)(ちくま学芸文庫、二〇一六年)
(3)『生命誌の世界』中村桂子(日本放送出版協会、二〇〇〇年)(本コレクションII『つながる』)
(4)『自己創出する生命――普遍と個の物語』中村桂子(ちくま学芸文庫、二〇〇六年)
(5)「創発自己組織系としての自然」伊東俊太郎(『モラロジー研究』六二号、二〇〇八年)
(6)『がんと闘った科学者の記録』戸塚洋二著　立花隆編(文春文庫、二〇一一年)

II ライフステージ社会の提唱

――生命誌の視点から

1 機械論的世界観からの脱却——自然を生かし、人間を直視する

外と内の自然の破壊が不安を生む

地球新時代には「生命の本質に基づく社会」が大きなテーマになる。基本は、「地球上に暮らす生きものの一つでありながら、文化・文明を生みだした唯一の存在」という人間の特徴に注目し、このような存在としてうまく生きる方法を探ることである。

それは、人間らしさの象徴である文明、とくに近年のそれを支えてきた科学技術の発展が、地球の有限性を意識し、人間が生きものであることを再認識せざるを得ない状況を生んだこと

で示された方向だ。

総論として考えたいのは世界観であり、そこでの人間と自然と人工との関係のあり方だ。ニュートン以来の科学（あえて古典科学とよぶ）は機械論的世界観を生み、工業文明はそれを活用した。ここでは人間と自然は対立関係にあり、その間に人工世界が入る。自然はつきあうのがめんどうな面をもつばかりでなく、ときに脅威となる。

そこで、自然界の資源（二〇世紀はとくに有用な石油を発見）を利用し、できるだけ便利で安全な生活をつくりだし、自然を制御し、自然離れすることをよりよい生活としたのだ。都市化が進み、さまざまな制度、国家などの組織も確立し、すべてはうまくいくかに見えた。

しかし、一九七〇年代にこの方向の問題点が見えはじめた。それは主に二つの点で明らかになった。一つは環境問題（当初は公害とよばれた）である。以来事態は年を追って深刻化し、今では地球環境問題となり国際的課題となっている。

もう一つは私が「内なる自然の破壊」とよぶものである。人間と自然を対立させ、自然離れすることが快適さにつながるという考えは見方が浅かったのである。人間自身が自然の一部であり、自分の中に自然をもっているという事実を忘れていたのだ。内なる自然には三つの側面がある。物質、時間、心だ。

物質は多くの方が気づいているとおりだ。人間自身が化学物質でできており、しかも外界に開いているので外にある物質は体内に取りいれてしまう。内分泌攪乱化学物質（環境ホルモン）は物質面での内なる自我の攪乱の典型例だ。

物質よりは気づきにくいものとして時間がある。機械論には本来時間の観念がなく、あるとしても可逆だ。自然には流れる時間、循環する時間があり、生きるとはまさにその時間を追う過程である。その中で生きものはできあがっていくのだ。効率至上主義の機械文明は時間を縮め、急速な変化をよしとし、内に時間という自然をもつ人間を不安定にした。

時間を組みこむ人工世界を構築

三番目の心は、関係と言ってもよい。家庭や地域での人間関係、身近な動物や植物との関係などが壊れていくこともまた人間を不安定にする。今、子どもたちの問題として表面化していることは、結局、どれも現代社会のもつこのような不安定さを反映しているのではないだろうか。

このような機械論的世界観は、科学の世界では今、見直されつつある。古典科学は、自然科

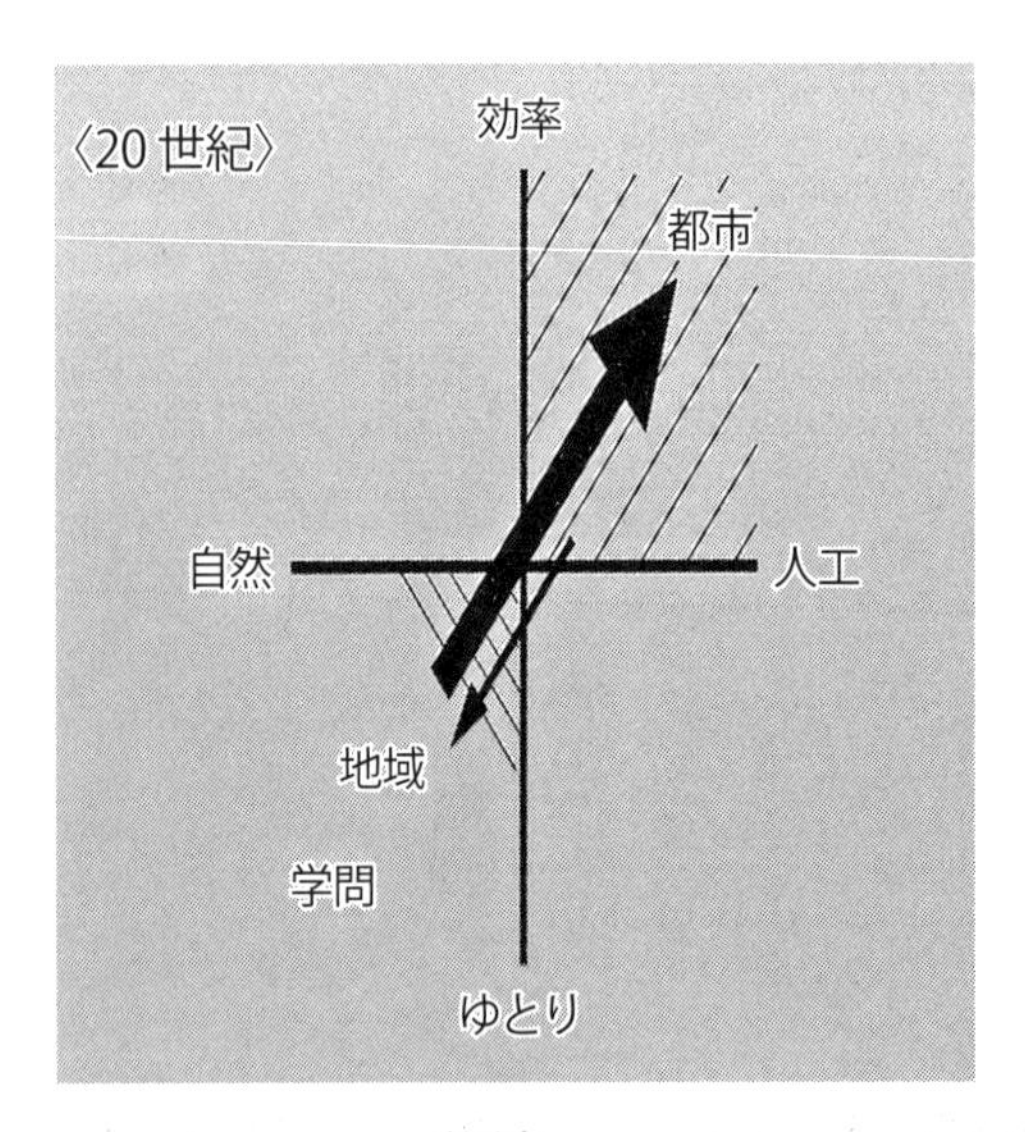

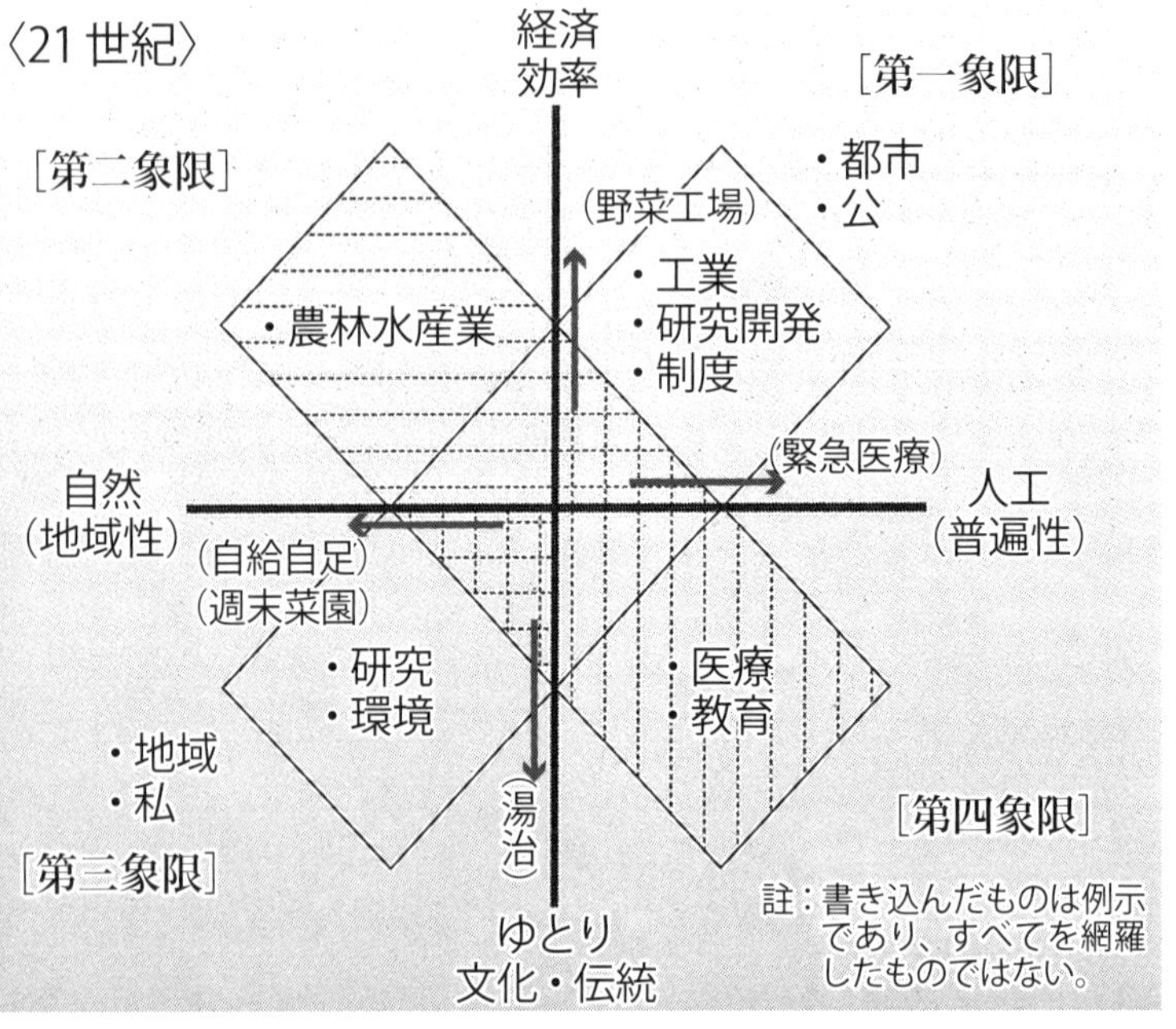

図2-1　自然の活力と人間の力をすべて活用する社会

学と名のりながら法則性の探せる部分しか見てこなかった。多様な時間の流れがあり、ある意味では法則性よりも歴史性が重要なのが自然であるのに（もちろん法則性は大事だが、それがすべてではない）。

時間を組みこんだ科学が、今、生まれつつあり、それは生命を基本に置く。その科学は、人間をヒトという生きものとして自然の一部と認識したうえで、自然を十分に理解し、それに適した人工世界をつくっていくことを可能にする。これこそ生命論的世界観の構築であり、そこでは自然と人工は対立するものにはならない。

生命論的世界ではどのような人工世界がつくれるのか。基本を端的に図示する（図2－1）。図の横軸は空間、縦軸は時間を示している。

空間を人工と自然、時間を一方向に流れ効率を旨とする見方と、循環し過程を重視する見方とに分ける。二〇世紀の機械論的世界観では、できるだけ効率のよい普遍的人工世界をつくろうとしてきた。生活空間で言うなら都市化だ（〈20世紀〉の図の斜線部分、〈21世紀〉の図の第一象限）。

経済論議はまだ座標軸が変わらず

これ（第一象限）は生きものである人間にとっては疲れる生き方なので、ときには自然が豊かでゆったり暮らせる地域でのんびりする必要もあり、そうした場の価値も認めてはいるが（第三象限）、生活の主体は都市化、農山漁村さえも都市化の途をたどってきた。

前述のような問題が起きてきたので、たとえば、有機農業の提案のように生活の基本を第三象限に移行しようと主張する人も出てきたが、第一と第三象限の間での単なる綱引きからはよい解答は出てこない。

そこで、生命論的世界観から生まれる二一世紀の図を示す。

ここでは自然、とくにその中の生きものを知り、それを人工の世界にも生かす。

効率よく事を進めたいからといって、必ずしも自然離れをする必要はなく、自然の能力を効率よく生かす（組換えＤＮＡ技術など）こともできるし、機械や制度など人工の中にも過程重視の考え方や循環をもちこむ（患者重視の医療やリサイクル技術など）ことも可能である。つまり、第二、第四象限に着目するのだ。

農業は、地域の自然や文化を生かし、循環と過程を生かすのがその基本（第三象限）だが、それだけでは七〇億人を超す人々に十分な食糧を供給するのはむずかしい。そこで、自然を生かしながら効率を追求することが不可欠になる（第二象限）。

また、都市近郊での野菜栽培のように人工環境で効率よく行なう（第一象限）ほうが結局環境への負荷が小さい場合もあろう。

地方で情報産業に携わりながら、農業も楽しむ生活スタイルが先端の姿になる可能性は高い（第三象限）。第二を主に第一、第三も生かす新しい農業の姿を図で確認してほしい。

医療は、人工の世界だが、ゆとりが必要であり第四象限にあるものだ。しかし、緊急医療は第一象限、湯治などは第三象限でゆったりと行なう。つまり第四象限を主に、第一、第三象限も生かす医療がこれから求められる。これも図で確認してほしい。

このように、一つの活動に全方位の考え方と方法を取りいれ、自然と適合し、しかも発展性のある諸活動を進めるのが生命論的世界での人工のありようだ。このような社会をイメージすると、競争を意識せず、地域に根を下ろした生活をしつつ、ゆとりをもちながら新しいことに挑戦する人々が見えてくる。

これを可能にする科学および科学技術は存在するので、それを支える現実的な制度や経済のあり方についてぜひ専門家に考えていただきたい。現在の経済論議は、まだ機械論的世界観の二〇世紀の座標軸の中で行なわれている。

2　生命の本質に基づく社会
――プロセス重視型にして、科学技術の貢献を――

未来の構想は「人間」から

白状すると、新聞の経済面をていねいに読むことはほとんどない。経済が「経国済民、つまり国を治め人民の生活苦を救うこと」という辞書にあるとおりの活動であるなら、これは関心をもたざるを得ない。

けれども、株価の動きや裏金の使われ方などは、私の日常とは関係ない。こんなことを言うと、市民としての自覚がない、ビッグバン（金融大改革）でいやでも国際経済に巻きこまれるというときに最低限の知識ももたない輩（やから）がいるから困るとしかられるだろう。そうかもしれない。しかし、私が暮らしたいのは、力をもつとされるマネー、ミリタリー、メディアに振りまわされる社会ではないのだ。

地球環境問題さえも、人間が暮らしやすい社会という議論を抜きに、各国の力関係だけで話が進むのがふしぎだ。未来に求めるべきは、エネルギー多消費型の社会ではないことが、これだけはっきりしているのに。

開発途上国が「生活苦」から脱け出したい気持ちはよくわかる。私たちもそれを体験したのだから。しかし、本当の豊かさを求めるのなら、大型自動車に乗ることを夢見るよりも、便利な交通システムを組み立てるほうがよい選択だろう。それでは自動車産業が潰れ、日本経済が成り立たないと言われそうだが、自動車産業は自動車も含めた新しい交通システム産業になってほしい。

というわけで、科学技術の未来を考える出発点は、どのような社会をつくりたいかであり、そのために技術をどう用いるか、どんな技術開発が必要かということになる。

社会問題の要素は実に多く、身近な話題でも、失業、環境、介護（病・老など）、小・中学生の不登校（教育）などなど頭の痛いことばかりだ。これを独立に解決しようとすると、互いが矛盾を起こし、たとえば経済か環境かと選択を迫られ、どちらも重要と答える他なくなる。そこで、問題点からではなく、人間そのものから出発しようというのが私の提案である。

開発が望まれる生物型技術

私たちがいま悩んでいるさまざまな問題は、一九七〇年代初めにすでに認識されている。昨年末（一九九七年）の「地球温暖化防止京都会議」もさかのぼれば、七二年のストックホルムでの世界環境会議に行きつく。

戦後五〇年とよく言われるが、一九七〇年までの二五年とその後の二五年は質の違った時代だ。前半は、生活苦との訣別を求めた活動として評価できるが、後半は、実は新しい価値観と制度を打ちだすべき年月だったと思う。私も、生命科学の中でそれなりに考え、実行しようとしてきたものの、無力だった。そこで、七〇年代以来行なってきた提案をもう一度まとめ、次につなげたいと思う。

生命科学は、人間も生きものであるという、あたりまえだが重要なことを明確にした。そこで、生きものの仲間としての人間、しかし自己という意識をもつ存在でもある人間にとって住みやすい社会を考えることが生命科学のテーマの一つになった。このテーマに取り組んだ私は、次の三つを重要と考えた。第一は、生命とは何か、人間とは何かという問いに総合的な答えを出すための研究。これは社会を支える「知」の核となり価値観づくりに役立つと同時に、技術開発の芽となる科学的知見を提供する。

第二は、生物活用型技術の開発である。たとえば食糧の生産性を上げるために農薬を多用するよりは、作物に病虫害耐性をもたせたほうがよい。ここでいう〝よい〟は、人間の健康にも、自然界にいる他の生物、つまり環境にも望ましいという意味だ。バイオテクノロジーも、単発的に遺伝子組換えトマトをつくるというのではなく、農業そのものを見直す手段として使わなければ意味がない。医療もそうである。

ライフステージを新たな切り口に

第三に大事なのは、人間を主体とする社会システムづくりだ。ここで私は、「ライフステージ・コミュニティ」という切り口を考えた。人間主体と言うだけでは抽象的すぎる。人間は年齢、性、職業などさまざまだ。個別の要求に応え、各人が住みよい社会にするにはどうしたらよいか。価値の多様化と言って何でもありにしたり、個性化と言ってかえって自由度のない制度をつくるのでは、問題を深刻化するだけだということは現在の社会が示している。個別の要求に応えやすいシステムをもちながら、基本的価値を維持するにはどうするか。その切り口としての提案がライフステージである。

人間には一生がある。若いとき好き勝手ができても、年老いて寂しい生活を送ることになるのは嫌だ。子どもはおとなの予備軍ではなく、子どもには子どもとしてやりたいこと、やるべきことがある。働きざかりには猛烈に働かされて、定年近くなったら会社人間は困り者だと非難されたって困る。一生を通じて納得のいく生活ができる社会でありたい。

そこで、一生を何区間かに分け（胎児期、乳児期、幼児期、学童期、思春期、青年期、壮年期、老年期）、それぞれの期に必要な社会活動が可能で、しかも一生がつながるような社会システムが必要となる。

たとえば医療は、誕生は産婦人科、子どもは小児科、おとなになれば内科、そして老人科と区別されるが、患者はひとりの人間だ。もちろん、がん、心臓病など病気に対する専門的な治療は必要だが、一方でひとりの人間として長く見続け、健康維持を助けるシステムが必要だ。

これは不要な医療の削減にもつながる。

教育も、現在のそれは、つねに次の段階へ進むための準備に偏り、そのときを生きることの〝重要性〟が消えてしまっている。たとえば、三歳の子どもに不可欠な教育は人間関係の形成や自然とのつきあい方の体得であり、計算能力ではないことを明確にし、的確な教育システムをつくる必要がある。

ライフステージは年齢を見るだけではない。一生の間には、病人、身体障害者、老人などという、いわゆる弱者の状態になることがある。これらはだれにも訪れる各人の人生のあるステージなのだ。したがって、社会設計にこれを組みこむのが当然で、それは福祉という特別項目ではない。また、ステージ間の関係も重要だ。老人と子どもが相互によい影響を与えることは経験的に知られているが、これもより積極的に考えるべきテーマになる。

つまり、ここであげた三つに共通するのは生命の本質を基本にすることであり、別の言葉を使えば、人間の「時間」または人生の「プロセス」の重視だ。二〇世紀の科学技術の多くは、時間を短くするという「効率」を旨として開発された。今やコンピューターも大活躍の時代だ。時間を生かすプロセス重視の社会づくりのための技術のタネはいくらでもある。つくりたい社会の方向さえ決めれば、やりがいのある、若者を惹きつける技術の世界は洋々と広がるはずなのに、ビジョンがないために若者に夢を与えられないのは残念だ。

私は、三つのうちの第一の分野で「生命誌研究館」という活動を始め（一九九三年）、そこで手一杯という状況だが、「生命」「人間」「時間」という視点での社会づくり、技術開発に参加する若者を待っている。

3　ライフステージ医療を考える——生命誌の視点から

ライフステージ・コミュニティの提案

生も死も一人ひとりのものであり、抽象的に語ったり統計として扱ったりしては意味がない。とはいえ、社会のありようを考え、具体的な政策を立てるときに、個人に目を向けることはむずかしい。この課題への一つの解答として考えたのが「ライフステージ」という切り口である。各人の暮しを見るとき、性別、職業、暮らす地域、資産、趣味などそれぞれのもつ性質をあげていくと違いばかり見えてくるが、「生まれ、育ち、暮らし、老い、死ぬ」というプロセスを経ない人はいない。病気や事故で夭逝する場合はあるにしても、生きる基本はここにある。このプロセスを「ライフステージ」と名づけ、この切り口を用いて、一人ひとりに対応するきめ細かな社会を組み立てるライフステージ・コミュニティとして提案した（一九七九年）。

胎児期、乳児期、幼児期、学童期、思春期、青年期、壮年期、老年期（前期・後期）という時期のそれぞれを大切にして、思いきり生きることで織りあげていく一生を、全体としてとらえるのがライフステージ・コミュニティの特徴である。ここでは、子ども時代はおとなになってよい地位や報酬を得られるための準備期間としてだけではなく、子どもとして思いきり生きることを重視する。また、老年期は社会活動を終えた余生ではなく、老年期という実り豊かな時間が培う充足感の中でいきいきと暮らす時間である。

ここで生きる一人ひとりを一生の間支える最も重要なシステムが医療であり、これはテイラーメイド医療となる。近年、各人のゲノムを解読し、そこからの情報を用いる医療をテイラーメイドとよぶが、ゲノム情報の活用はテイラーメイドのほんの一部でしかない。

ライフステージ医療が成り立つには、ひとりの人を看続けるいわゆる家庭医が不可欠である。コンピューター上の検査データを眺めて答えを出すのではなく、患者の顔色を見て、「今日はちょっとおかしい」と感じるところから診察は始まる。検査データも標準との比較だけでなくその人個人の値として正常か異常かを見ての判断になる。さらに専門医の診察・判断が必要なときは紹介してくれる。このような医師がいてくれれば安心して生きていける（二〇二〇年現在では、実際に、医療はこの方向にかなり進んできている。だが、日本全体の現実を考えると、まだまだ完全とは言えない）。

この場合、基本となるのは「生きものとして生きる」ということである。人間は機械ではない。機械は、完璧なものと故障品とに分けられるが、生きものはそうではない。そもそも完璧なものなど存在せず、いつもどこかうまくはたらかない状態で動いているのだ。しかも一つひとつの個体に特徴があり、それらしく生きるのであり、すべてが同じようには、はたらかない。したがって、医療の基本は、それぞれがそれぞれらしく生きることを支えることなのである。ライフステージ・コミュニティは、もちろん医療だけでなく教育も労働もこのような考え方によるシステムで進められる。

ライフステージ・コミュニティでの老い

ライフステージ・コミュニティは、「人間は生きものである」ということを基本にシステムを組み立てるものであり、まず、社会の構成員がそれを認識する必要がある。この意識さえあれば、社会システムの組み立てはむずかしくはない。医療で言えば、家庭医、地域のセンターとなる病院、高度医療を担当する広域センター病院の分担を明確にすればよい。このシステムは、高齢化が進み、病気ではないけれど衰えがある人や、慢性の病気と長くつきあって生きる必要がある人が増えていくこれからの社会で、医療費の高騰を防ぐことにもつながる。

寿命が延びたことにより多くの人々にとって問題となる病気は、生活習慣病と脳障害である。とくに脳血管障害の後遺症、アルツハイマー病などの認知症は大きな問題だ。もちろん治療法の開発が重要だが、近年、脳障害に対しては、おちついた環境の中で適度な精神活動を必要とする刺激を与えると、進行を遅らせたり、リハビリ効果が出たりするという報告が多く出されている。また、「ユマニチュード」という患者の目を見て、ほほ笑みかけながらコミュニケーションをくり返すケア技法の効果も示されている。まさに生きることの本質を教えてくれていると言ってよかろう。だれにとっても追い立てられる生活も、まったく刺激のない生活も好ましくない。若さばかりを求めるのでなく、年齢に合った生き方を支える医療である（なお、リハビリ病院や入院病棟の充実など、解決すべき問題があることをつけ加えておく）。

ライフステージ・コミュニティでの死

老いの先には必ず死がある。もちろん死は怖い。しかし、生命誌で見ていくと、続くという本質をもつ生きものが個体をもつようになったとき、体細胞は死んで世代交代をし、継続は生殖細胞に託したことを教えられる。個体の死は継続を支えるものとして存在するのであり、生と対立するものではない。そこで、これまで述べてきたような生き方の先に穏やかな死があることを望むのである。

しかし、死がどのような形で訪れるかはわからない。とくに、自らが判断できない状態で、機械によって生かされることになった場合、自らが死を選ぶことはできない。このとき、ライフステージ医療であれば、機械を用いるか否かの判断を安心して任せられるのは一生を見続けてくれた医師だろう（実際には、一生を一人の医師でとは限らず、医師から医師への明確な申し送りがありさえすればよい）。

現代社会における生と死を考えるというテーマに生命誌の立場から向き合うと、一人ひとりの一生に意味を見出すライフステージという切り口にしか、答えはないという思いがわき上がってくる。機械論的世界観をそのままにせず、生きものとしての人間が生きる中に生老病死を位置づけようという提案である。

4　一人ひとりの人間の一生を考える「ライフステージ」

「ライフステージ」という視点

地球環境問題が話題になっています。けれども、大切なのは問題ではなく、すべての人が人間らしく暮らせる地球にすることでしょう。「自然を守りましょう」とか「二酸化炭素を固定化する技術を開発しましょう」という個別的な対処で目の前の問題を解決するだけでなく、もっと根本的なことまで考えなければならないのです。そこには、自然・人間・（科学）技術の関係という課題があります。

二〇世紀は科学技術文明の時代でした。それは、私たちに物質的な豊かさをもたらし、テレビ、コンピューター、ジャンボジェット機など、前世紀の人々がSFの中で描いた夢を次々と日常のものにして、私たちの世界を広げました。宇宙や深海への旅行も、それほど遠くない未来に日常のことになりそうです。

けれども、私たちはこの未来を、ただわくわくして期待しているだけではなくなっています。「この路線でいいのかな」「なんかおかしいぞ」という感じです。私たちの中には、つねに新しいことを求めたいという気持ちがあり、宇宙旅行を夢見ます。一方、今の技術を進めていくだけでは未来は危ないという声が、体の中から聞こえてきます。

ところで、「なんだかおかしい」という声はどこから出てくるのでしょう。私は、「生きものとしての人間のもつ生きもの感覚」からくるのだと思っています。最近になって声高に言われるようになった「自然との共生」は、新しいことではありません。「現代文明」としばしば対置される、歴史、文化、地域、人間などの諸要素は、すべて長い間の人間と自然との関係の中で培われたものであり、その基本は、自然との共生でした。

自然と共生しなければ生きられなかったというほうが当たっているかもしれません。もっとも共生とはこの文字から受けとるようなやさしい関係ではありません。互いに自分の生活のために懸命に生きようとした結果生まれるものです。獲物を取りつくしたら、次の年は飢えることになる。生きものとしての人間の直観は、それを教えます。地球上のあらゆる場所で培われた知恵です。

これは、自然は私たちの外側にあるだけでなく、内側にもあるということを示しています。先端医療の恩恵を蒙(こうむ)りながら、ときどき「ちょっと変だぞ」という感覚がはたらくことがあるのは、技術が内なる自然の中へ、ズカズカ入りこんでくるのを拒む気持ちがあるからでしょう。このような認識のうえで、自然・人間・(科学)技術の関係について考えることが、今、求められている。それが私の立場です。

ここで中心に据えるべきは、やはり人間でしょう。あたりまえです。もし、同じ問題をイヌが考えたら、イヌを中心にするに違いありません。私たち人間が考えているのですから、人間が中心にならなければ視点は定まりません。

最近は、「自然にやさしい」「人間にやさしい」「地球にやさしい」という言葉がさかんに使われますが、この場合の主語は何なのでしょう。そして、「自然にやさしいこと」と「人間にやさしいこと」とは同じでしょうか、それとも違うのでしょうか。同じだとしたら、具体的にどこが同じなのか。違うとしたら、自然にやさしいことと人間にやさしいこととは両立し得るのか。次々に疑問が出てきますが、どこにも答えは示されていません。

私は、主語不明のまま「やさしい」などとごまかさずに、はっきりと主人公は「人間」と考えたいと思います。ただし、その人間は、「生きもの」として、内側に自然をもち、外の自然との関係についても鼻の利く人間であるという前提あってのことです。そういう人間であれば、他の生きものたちから「傍若無生物」と非難されるような行為をするはずがありません。傍若無人なふるまいをすれば、友人を失って自分が淋しい思いをします。それと同じで、自然に対して勝手なことをすれば、自然という仲間を失って人間が悲しくなったり淋しくなったりするのです。だからそんなことはしない。「自然にやさしい」などという偉そうなことではなく、私が悲しくなるからしないのです。

「環境と開発」の問題を考えるときに、具体案を見つけにくい一つの理由は、視点が定まっていないからではないでしょうか。そこで私は、人間主体と視点を決め、「一人ひとりが納得のいく生活ができる生き方を探る」と考えます。生命誌では、人間を生きものの一種としてとらえたうえで、人間を主体として考えてきたので、地球環境問題に対しても、これまでとってきた姿勢をそのままに考えてみようということです。ここで、「納得のいく」という言葉を使ったのは、私が「人間主体」というときの「人間」は、顔のないのっぺりしたものではないという意味です。

人にはそれぞれの生活がある。毎日の食事は質素にしても、ときにはぜいたくな旅をするのが楽しみという人もあれば、一食一食が大事という人もあるわけで、どちらがよくてどちらが悪いというものではありません。ただ、できるだけ多くの人が納得できる生活を保証するには、「自然と調和し、心身ともに豊かで、積極的に社会参加できる生活」というところが基本でしょうか。環境保全も開発も、それを支える技術も、このような人間の生活を助けるものとして考えたいのです。というより、このような技術であれば、おのずと環境保全と開発とが一体化するはずです。

「持続性のある開発」も、このような方法でこそ可能になるのではないでしょうか。この言葉は、立派なお題目だけれど、実現はむずかしいと言われますが、そんなことはありません。私たち人間が、本当の意味で自分をよく知り、人間にとってよい生活とは何かというところから出発して暮らし方を決めていくなら、おのずと「持続性のある開発」になるはずなのです。もっとも、現在の社会では、産業も社会制度も人々の意識も、このような考え方でつくられてはいませんから、現実に社会を変えるには、かなりの努力が必要ですが。

ともかく、個人から出発するために、「ライフステージ」という視点を取りいれます。この視点を取りいれると、よりよい生活への近づき方が整理できるので、次に列挙します。

❶個人の生活で、生きものとしての欲求、および人間であるがゆえに出てくる欲求と、それに伴って起こる行動は、各ステージによって違います。しかも、食べる、着るなどという人間の基本活動や、学ぶ、遊ぶなどという精神活動の多くは、同じステージにある人の欲求が互いに似たものになります。ですから、各ステージでの要求に応えれば、個人の要求に応えることにつながりやすいのです。「三歳の子は三歳として、二〇歳は二〇歳として」ということです。

❷あるとき、ある空間に住んでいる人々は、さまざまなライフステージに属する人々の集まりです。また、人間の一生は、胎児期から老年期までのステージの集まりとしてとらえられます。つまり、各ライフステージを最もよく生きるために必要な社会システム、技術システムを考えれば、それはあらゆるライフステージの人の集まりである社会全体に有用であると同時に、ひとりの人間が一生を上手に生きるためにも有用となります。

❸前述したように、ライフステージという視点は、人間の時間による変化を把握するものですから、人生の設計ができます。しかも、その人生設計は、個人が老後に備えるというだけでなく、それを助ける社会はどのようなものであったらよいかという、社会としての計画にもつながります。

❹一生の間、一度も病気をしない人などいないでしょう。だれもが、明日にも事故で身障者になる危険を抱えながら生きているのです。そして、いやだと言っても必ず老いていきます。すなわち、病人、障害者、老人という、社会的弱者とよばれる人は、決して特殊な存在ではなく、ライフステージの一つなのです。ですから、これらの人の生活を支えるシステムは、福祉という特別の分野ではなく、社会に本来備わっているはずのものと考えざるを得ません。

❺物の生産が優先される社会ではなく、教育、医療など、人間に直接関係する活動が重視される社会になります。

❻ライフステージという視点は、結果ではなく過程重視の姿勢を求めます。人間にとっては、いかに生きるかということが大事なのです。生きるとは過程そのものです。現代社会は効率第一ですから、何でも「早く、早く」になり、結果を重視するので、ゆったり生きるのがむずかしいのですが、それが変わるでしょう。

このように、社会をさまざまなステージの人の交じりあいと見て、社会をよりよくしようとすれば、それは個人の尊重にもつながるのです。

過程を大切にする社会

「地球環境を守る」という大きな課題を身近なものにし、しかもそれを人間生活の抑制ではなく、よりよい生活につなげるにはどうしたらよいか。そこで、一人ひとりが生まれてから死ぬまでの一生の間、いつの時代もいきいきと暮らせるようにするという考え方を取りいれよう。これが、生命誌の立場からの一つの提案です。

そんなことで環境問題が解決できるだろうかと疑問に思われる方も多いと思いますが、一人の人間の一生を考える「ライフステージ」という視点がそれを可能にするというのが私の提案です。

環境問題を引き起こした社会は、一言で表すと、物質大量生産社会です。そこでは、規模の拡大と効率化が重要な価値観であり、物質的豊かさは得られても、一方で人間に厳しい要求をするものなのです。

効率のよい大量生産は、画一的なものの連続生産を求めます。そのような生産の場で働ける人は、二〇代から五〇代のいわゆる働きざかりの男性とされました。女性、老人、身障者などは、働き手とは見なされず、子どもは有能な働き手になる予備軍として扱われることになったのです。

　このような社会では、子どもたちは、よい職場につくために、よい学校へ入ることを求められます。よい職場の「よい」は、どうみても「効率のよい経済活動をしている」結果、「よい収入が得られる」ということなのです。この考え方がどれだけ子どもたちから子どもらしい生活を奪っているかは、だれもが気づいているのに、どうにもならないもどかしさがあります。子ども時代に、思いっきり子どもとしての生活を楽しまずにおとなになるのは、人間として問題があることも、多くの人がわかっているのにです。

　では、働き手のおとなは幸せかといえば、効率に追われる毎日は決して人間的とはいえず、しかも、子どもの教育費のために自分のお小遣いを我慢することも少なくないのですから、なんだかおかしな話です。また、働き手からははずされがちな女性、老人、身障者は、その能力を使えずに不満をもつ。このあたりは少しずつ改善されてはいますが、原則はまだ変わっていません。

　これは、「すべての人があらゆる時点でいきいきと生きる」というライフステージの視点から望まれる生き方とはまったく逆で、だれもが人間として十分に生きてはいない状態です。お父さんもお母さんも子どもたちもお年寄りも、みんな一生懸命なのだけれど、どこか不十分なのです。これを直すには、効率よい大量生産社会そのものを見直さなければならないのではないでしょうか。すぐにお気づきと思いますが、これは、環境問題を解決する道でもあるわけです。そこで、地球環境問題の解決は、我慢をするという発想からではなく、一人ひとりがよりよい生活をする社会をつくるところから生まれると考えています。

価値観の転換は、とてもむずかしいことですが、身近なことから少しずつ変えていけばできるはずです。私が常々考えていることの一つに、職業教育があります。子どもをおとなの予備軍としてだけ見るのはまずいと言いましたが、子ども時代はおとなになるための準備期間でもあることは確かです。自分の適性は何か、どんな仕事が向いているか、どんな生き方をしたいのか。それを探すときでもあるわけです。以前は、子どもたちの身近で親が働いており、そこで自然に職業教育がなされていました。

けれど、農家の子はすべて農業に向いているかといえばそうではない。都会育ちでも、生まれつき〝緑の親指〟を天から授けられて植物を育てる才能が抜群という子もあるでしょう。ですから、広く自分に適した職業を見つけられる場が与えられたほうがよいわけです。そのためには、学校がそのような場を提供する必要があります。

とくに今は、新しい技術が次々と開発される時代ですから、それらの技術の修得は学校でなければ追いつきません。しかも、コンピューター、バイオテクノロジー……いわゆる先端技術といわれるものの勉強は、若者の気持ちを惹きつける内容をもっています。そうなると、数学や語学や歴史はどうなるのか。先生方は、教養としてのそれらの勉強の大切さを強調されます。確かに建て前ではそうですが、実際問題として、黒板で習う微分・積分に魅力を感じる子どもとコンピューター好きの子どもとどちらが多いか。コンピューターがおもしろくておもしろくていじっているうちに身につく数学的センスと、欠伸（あくび）をしながら聞いているむずかしい数学の授業から得るものと、どちらが〝教養〟とよぶのにふさわしいか。考えてしまいます。

私は農業高校に関心があり、彼らの活動を紹介した雑誌に目を通したり、ときどき学校を訪れたりしています。彼らの活動はとてもいきいきしており、お土産にもらう蘭は、花屋さんで買うものよりもちがよいのにいつも感心しています。

偏差値で一直線に並んだ競争はせず、自分の好きなことを選びながら学校生活が楽しめれば、若い時代を思いっきり生き、充実した人生を送れるおとなになれるのではないでしょうか。もちろん企業などの価値観が変わることが必要ですが、そもそも「企業」という抽象的なものがあるわけではなく、そこに働く人々の考え方が企業の考えを現実的につくっていくのですから、やはり、一人ひとりが変わることが基本でしょう。「社会」もそうです。

職業教育の重視とライフステージ、価値観の転換、環境問題の関係を見てみます。若いときから物をつくり、自然の中で作業することによって、物事には「過程」が重要であることがわかります。最近はできあがった物がすぐに手に入るので、物ができるには時間がかかることを忘れている人が少なくありません。物も人間も他の生きものたちも、すべて時間を必要とする。このあたりまえのことが、能率一辺倒の社会では忘れられてしまうのです。

私もそうでしたが、子どもを育てているときのお母さんがもっともよく使う言葉が、「早く、早く」だということからもわかるように、能率第一主義の社会。もちろん、能率も大切です。電気製品や自動車をつくる工場は能率よく動いているからこそ、よい製品が安くできるのです。けれども、能率だけが価値観になると、自分たちは何をつくっているのかということもわからなくなり、物づくりをしているという喜びや実感が消えてしまう危険さえあるでしょう。

そのうえ、生きものや人間のように、早ければよいというものではないことがわかっているところにまで、能率優先の考え方が入ったのではたまりません。植物や人間を育てる農業や教育では、能率だけに目が向くのは危険です。

ライフステージの視点に立てば、過程が重要ですから、能率よくやるもの、過程を大切にするものがていねいに検討されます。このような見方ができれば、物を大切にする気持ちがおのずと生まれ、それが環境保全につながります。

職業教育について、『朝日新聞』に、サトウサンペイさんの「職の国ドイツを行く」という連載がありました。ドイツでは、十歳になると、進学校にあたるギムナジウムに行くか、職業教育学校に行くかを選択します。その職業教育の学校で技術を身につけて実務体験を積み、資格試験に合格すれば、「マイスター」とよばれ評価されるのです。この学校がとくに興味深いのは、実務体験をした人の入学です。一度社会に出てからまた勉強をする。これこそ、ライフステージ社会の典型です。このシステムは、手元、足元がしっかりしており、ゆったりと動く社会をイメージさせます。

職業教育は、以前は親から子へと伝えられたり、徒弟制度として行なわれていたのですが、そこには、生まれたときに仕事が決まってしまうという窮屈さがあります。とくに気になるのが農業です。農家に生まれたからと農家の後継者になることを期待されるのも重荷でしょうが、それ以上に、農家でない家に生まれて農業という職業を選択するむずかしさが問題です。

機械いじりが好きなら、それを生かせる場に就職するのと同じように、農業が大好きならば、農業を仕事にできるシステムがあればよいのにと思います。島根県の小さな町を訪れたとき、町全体で共同経営をする農場を考えていると話してくれました。徐々に状況は変わっているようです。（近年この問題はかなり動いているようです。先日も「町を歩いていたら農林水産省の農業従事者養成講座の看板が目に入り早速受けた。農場を紹介してもらって農業に励んでいる」という話を聞きました。）

生まれつき行き先が決まっているのでもなければ、偏差値という片寄った値だけで人間の一生を決めてしまうのでもない。そんな社会にするために、高校レベルでの職業教育をもっと真剣に考えてほしいと思います。そうすれば、壮年男性が中心に頑張って働き、それをめざして一直線に並んで進む予備軍としての子どもがいるという今の奇妙な社会から、子どもは子どもとしての時代をのびのび暮らしながら、少しずつおとなへの準備ができる社会への移行が可能ではないでしょうか。一つの模索として提案します。

生きるための死

生きているとはどういうことか。それを知ろうとすると、どうしても「死」と向き合わなければなりません。実験材料を手にするためとはいえ、やむを得ず動物の命を絶つときは、それがどんな小さな生きものでも、ある緊張があります。

順天堂大学解剖学教室の坂井建雄教授は、すでに生命を失った死体を解剖するときにも、その緊張感があるとおっしゃっています。遺体には人格があるけれど、解剖台の上にのった瞬間に、無名の素材に変質させなければメスを入れることはできない。しかし、どうしても人格を感じざるを得ないときもあり、その日常的な人間としての感覚と、局所に注意を集中して人体の構造を理解しようとする科学者としての行為との間には、強い緊張関係がある、と言うのです。

細部を知るためには、生きものを物質のレベルにまで分解して調べることが重要なので、科学者・医学者は生きものを生きものとして見ていないのではないかと疑われます。しかし、ここで述べられている坂井教授の気持ちは、人間以外の動物を扱う場合にも通じるものです。

死は、より鋭い形で生を見せるものとさえ言えます。ところが、現代社会では、日常生活から死を遠ざけよう、ときには、ないものにしようとしています。できることなら避けたいものですが、決して避けられない。死ほどそれがはっきりしているものはないと言えるでしょう。それを避けてすべてをきれいごとですませることは不可能です。しかも、死を見つめることを忘れると、生が見えてこないのですから、意図して死を考える必要があります。

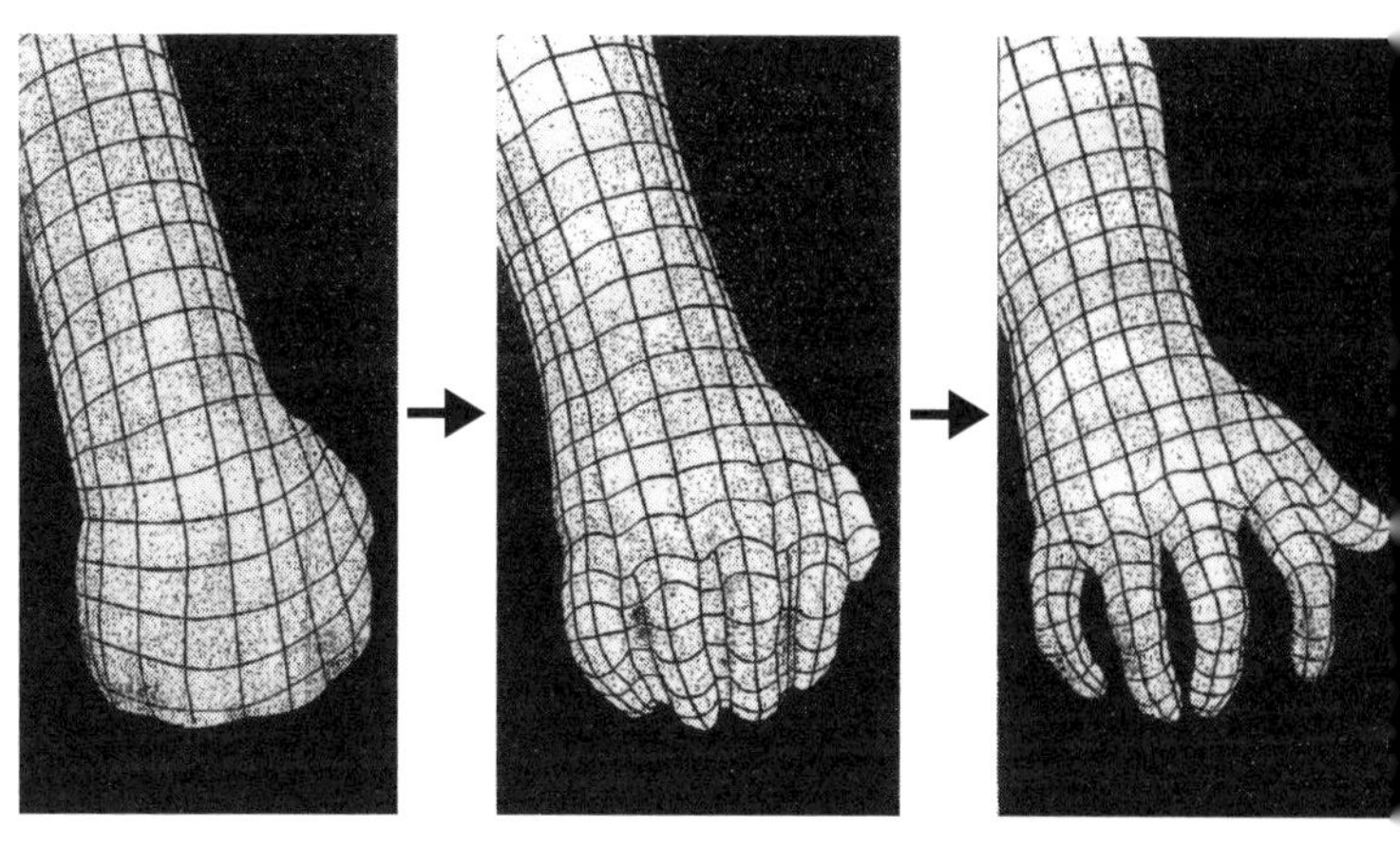

図 2-2　五本指はどのようにできるか

母親の子宮の中で手ができるとき、五本の指ではなく、四つの谷をつくる。ここで細胞が死ぬ。（M・ホーグランド＋B・ドットソン、中村桂子・中村友子訳『Oh！ 生きもの』三田出版会）

ところで、生と死の緊張関係の中で、生命現象の解明を続けた現代生物学は、死のもつ新しい意味を見つけました。それは、生の終りとしての死ではなく、生きるための死なのです。それを「プログラムされた死」とよびます。

プログラムされた死として最もよく知られているのが、手や肢（あし）の指ができる場合に見られる細胞の死です。胎児の手ができる場合、まず指のない丸い形の掌（てのひら）全体がつくられ、その後指の間の細胞が死んで指がつくられていきます（図2―2）。誕生前にすでに死があるのです。

実は指だけでなく、鼻や耳の形をつくるにもこのように削っていきます。ちょうど木から彫刻をつくるように。胎児の時期には、骨（軟骨）がまだ弱いので、最初から細い指をつくると、折れてしまう危険があります。それを避けるためには、最初は大ざっぱな塊にしておくのがよいわけです。

もう一つ興味深い例を見ましょう。神経系ができていく過程では、伸びていった神経細胞が筋肉細胞と結合する必要があります。この場合、筋肉細胞に向けて、それに結合するための特定の神経が伸びていくのではありません。複数の神経が伸び、そこで、うまく筋肉細胞と結合できたものは生き残り、相手を上手に見つけられなかったものは死んでいくのです。これも、一対一でやったほうが無駄がなくてよいように思えますが、それでは神経と結びつかない筋肉ができる危険性が高まります。たくさん伸ばして余分なものは死ぬというやり方のほうが、確実で安全です。

私たちは、生きものはとてもよくできていると思っていますが、その陰では、そのすばらしさを保証するための、一見ムダとも見える方法がはたらいていることがよくあります。体全体を巧みなものにつくりあげるために、体の一部は死んでいくという「プログラムされた死」もその一つです。胎児――つまり一つの生命体が誕生してくる以前に、すでにそこには死がある。しかもそれは、生きものが生きものとして生まれるために必要な死なのです。

誕生後も、体の中での死は続きます。さまざまな臓器の大きさを調べると、成体としてできあがるとすぐに、年とともに小さくなっていくのがわかります。なかには胸腺のように成人する前に消えてしまうものさえあります。胸腺は、免疫細胞が外部からの異物と自分の体の成分の区別をするための〝教育を受ける〟場であり、とても大切なところです。そんなに重要なものが、なぜ消えていくのか。もしかしたら、あまりにも明確に自己と他を区別し続けないようにしたほうがよい。生命体はそんな選択をしているのかもしれません。これも、死への一つの過程といえます。

つまり、死はある瞬間に突然訪れるものではなく、毎日の私たちの体内にあるものなのだということが、生きているしくみを調べていくと次々にわかってくるのです。

私たちの多様性戦略

政権が変わったり、経済状況が不安定だったり、おちつかない世の中で、先行きもあまり見えてきません。このような状態では、慌ただしく動いているところばかりが見えがちです。しかし逆に、こういうときだからこそ、未来につながる基本を考えなければならないとも言えるのではないでしょうか。

私の仕事に関することで具体的に言えば、「生物多様性国家戦略」があります。もっとも、これの具体化が大事なので、話はこれからですが、基本的な考え方や進め方が出されなければ体系的な行動はとれません。これからどのような社会になるのか、最初に述べたように不透明なところがあるにしても、安定した生活のためにどうしても今の生活のしかたや考え方を変えていかなければならないということがあるわけです。たとえば使いこなす科学技術は、二〇世紀のように大量の物づくりを支えるものとは違うでしょう。

新しい技術の方向を探るのはそれほどやさしいことではありませんが、一つはっきりしているのは、それが「生きもの」を意識したものでなければならないということでしょう。地球上には多種多様な生物が暮らしており、人間もその一員であることは、今やあらゆる人の共通認識です。そして私たちの生活がその多様性のうえに成り立っていることも。ところが、科学技術を駆使した人間活動によって、現実には生物多様性を減少させている状況が、地球のあちこちで見られます。

そこで一九九三年に、多様性を維持しながら、生物を活用していけるような方法を探ろうと「生物の多様性に関する条約」ができました。なんとかしなければならないとは、だれもが感じていることですが、それには、多様性に関する基礎知識の確認が必要です。多様性というけれど、地球上には、どのくらいの種類の生きものがいるのか。アメリカのE・O・ウィルソンが、多くの分類学者の協力で現時点での微生物、動植物の既知の種の数を総ざらいしたところ一四〇万種という数が出たそうです。もっとも、一〇万くらいのズレはあるかもしれないという註のついたうえで。ここで最も多いのは昆虫で、全体の約半分、七五万種が知られています。

ところが最近、まだ調べていない場所があることがわかってきました。地球上のあらゆる場所に人間が入りこんでいるじゃないか、未踏の地なんてどこにあるんだと思いますが、上にも下にもそういうところがあったのです。

一つは熱帯林の林冠です。頭上三〇メートルから六〇メートル。最近やっと調査が始まり、たとえばアマゾン流域では、一本の樹に住むカブトムシが一六三種であるという値から全部で三〇〇〇万種の生物がいるはずだという値が出ました。

もう一つは土中の微生物です。一グラムの土には一〇〇億個の微生物がいると言われ、既知の種類は四〇〇〇種です。しかしこれもDNA分析なども含めて調べた結果、何百万種もあるのではないかと言われるようになりました。しかも、土を掘って調べていくと、これまでは生きものがいるはずがないと思われていた地下五〇〇メートルのところにまで莫大（ばくだい）な数の細菌がいることがわかってきたのですから驚きです。

未踏の地はまだあります。深海および海底です。六〇〇〇メートルもの深海を観察できる潜水艇もできて深海探査が進むにつれ、軟体動物、甲殻類などが信じられないほどたくさんいることがわかってきました。悠々と泳ぐ姿を見ると、生きる力のすごさを感じます。

多様性という言葉のもつ意味が、研究によってグーンと広がっている今、その豊かさの中での人間の生き方の探索は、楽しい挑戦になるはずです。多様性を減らすような生き方はやめて、国家戦略と言わず私たち個々人の戦略として考えていきましょう。林冠、土中、深海の生きものの写真を見ながら強くそう感じました。

落ちこまずにもう一度

「どんなことがあってもマイナス思考だけはすまい」。肩肘はらずにのんびり暮らしていながらも、たった一つだけもっている私の決めごとはこれです。根っからの楽観主義者ではありませんし、頑張り屋でもありません。もしかしたら、物事を悲観的に考えはじめたらどこまでも落ちこみそうなので、自分で予防線を張っているのかもしれません。

そう決めていても、最近の世の中の動きを見ていると、未来への夢をもつのはむずかしく、人間は、破滅の道を歩いているのではないかという考えが、チラチラ頭をよぎります。そんな気持ちをさらに複雑にしたのは、タイにあるアジア工科大学のナワッ・シャリフさんの文章です。これは、私も参加した「人間と技術の新しい関係をめざして――二〇世紀から何を学ぶか」というテーマのシンポジウムのために寄せられたものですが、ちょっと借用します。

シャリフ先生は、技術を「唯一、人間のつくりだした資源である」というとらえ方をしています。資源という表現に、なるほど工科の方だなあと思いました。こういうところで、専門の違いが出ます。私は、技術も生物研究の立場から考えますので、「人間は技術を用いずには生きていけない動物である」ととらえています。地球上には数千万種といわれる生きものがいますが、技術をこんなに発達させたのは人間（ヒト）だけです。

これを、人間は他の生きものがもっていない有能な脳や手をもっているから、こんなすばらしいことができるのだと見ることもできます。けれども、ライオンもスズメも技術などなくても十分生きていけるけれど、人間は、裸のまま家もなく暮らすのはなかなか大変ですし、弓矢なしでは獲物もなかなか捕れない。技術なしでは生きられない、なさけない生きものが人間なのだと言うこともできます。

いずれにしても、技術はどんどん複雑化し、それと同時に、人間の自然に対する力が増してきたことは事実です。そして生活が便利になり、快適になってきたのも確かです。しかし、便利、快適の裏でマイナス面がたくさん起きてきたことにはだれもが気づいており、今回のシンポジウムも、技術のあり方を考えようとして開かれたわけです。

技術を見る目として、工学的なものだけでなく、生物学的なものも必要であり、それには、生きものとして何が大事かを考える必要があります。つまり価値観です。シャリフさんの文章を読んで複雑な気持ちになった理由はこの問題と関連します。シャリフさんは、「現代社会を見ると、そこで優先されている価値は消費主義、物質主義であり、金権思想がはびこっている。そして誠実さや信頼さは失われつつある」と言っています。まったくそのとおり。未来に対して自信がもてなくなったのは、技術の問題もあるけれど、それ以上に現代社会の価値観への疑問のほうが大きい。それが私の正直な気持ちです。

そこでなぜ複雑な気分になるのか。シャリフさんがタイ在住の方だからです。私には学生時代からのタイのお友達がいて、大好きな国の一つです。三回しか訪れたことはありませんが、とても親しみの感じられる仏教国であり、黄色い僧衣をまとった修行中の若い僧侶の姿が街の雰囲気にとけこんでいました。ただ、最近のテレビニュースなどでは、背広を着て、アタッシェケースを提げ、もう一方の手で携帯電話のプッシュボタンを押している若者がさっそうと歩いている街の風景が映しだされることが多くなりました。

急速にあの国は変化しているようだ……それだけは感じていました。それと同時に、タイを含めて、アジアの経済成長のめざましさを示すデータも新聞、雑誌で目にすることが多くなりました。おそらく技術によって、便利さ、快適さ（タイで背広を着るのが快適かどうかは別として）が増しつつあるのでしょう。

でも、それが金権思想の蔓延、誠実さや信頼の喪失とセットになっているのだとしたら。少し前を走ってきて、問題にぶつかっている日本人としては、なんとも言えぬ気持ちにならざるを得ません。でも、タイの人たちに、あなたたちは間違っています、と気楽に声をかけられるものでもありません。物質的な豊かさに向けて突っ走っているのを止める術（すべ）はあるのかどうかもわかりません。日本だけでも課題山積なのに、地球全体がこの方向へ向かっているとしたら……。難問ですが、誠実と信頼だけは失わずに考え続けようと、気を取り直しています。

Ⅲ　農の力

1　「火と機械」から「水と生命」へ

一人ひとりの暮しのために

　この夏、長野県を訪れて千曲（ちくま）川の土手を通り、緑豊かできれいな水がとうとうと流れている景色を楽しんだ。流れる水はどこで見ても心惹かれるものだが、そこの景色はとくにすばらしく感じられた。よく見ると、川の護岸がコンクリートでなくしっかりした木の杭でできている。ああこれだと思い、環境に配慮してのことなのだろうかと土地の方に伺ったところ、明治時代に打たれた杭がそのままになっているのだという。明治のいつごろかは知らないが、とにかくそれ以来一〇〇年は経っているだろう。それだけの時間しっかりと岸を護れるのなら、川の護岸はどれもコンクリートなどにせずに木のほうがよかろうにと思うが、現実はそうはなっていない。経済効率のゆえだ。

午後七時。日常勤務している研究館のある市では、冬の七時はもう真っ暗で、商店街もシャッターを降ろし、いくつかの街灯と駅前へと続く信号が光っているだけだ。そんな街を通って、電車と新幹線を乗り継ぎ東京へ帰ると、深夜の一二時近いのに通りは昼間以上に明るく、高校生かしらと思う女の子たちが携帯電話を片手におしゃべりをしている。衛星から見ると、日本列島が光って見えるそうだが、その光がこれなんだと思い、女の子のこともちょっと気にしながら家への路を急ぐ。世界のビジネスで先頭集団に入っていたかったら二四時間都市でなければならないという声が大きいので、この傾向はこれからさらに広がっていくのだろう。

二一世紀を考えるにあたって、環境問題、資源の枯渇問題、食糧問題などがあることは、以前から指摘され、それを解決しなければ明るい二一世紀はないと言われながら、ここで書いたような日常のことがらに関しては、人々の欲望を抑えられないどころか、自由化市場での経済競争に勝つことが至上命令だという声が大きく、加速の気配さえ見える。

でも、本当にこのような暮らし方が好ましいのだろうか。本当に多くの人がこんな状態を望んでいるのだろうか。私にはそうは思えないし、現時点では、環境問題よりも資源の枯渇問題よりも、異常ともいえる欲望や競争の刺激の結果起きている人の心の荒れのほうが気になる。これまでも、多くの国が滅びる原因は資源の枯渇ではなく、むしろ人心の疲弊だったのではないだろうか。

そこで、新幹線やジェット機やコンピューターで競いあう世界があたりまえという考え方から一度抜け出して、一人ひとりが自分の一生を納得して生きようとしたときに、何が大事かというところから考え直すことを提案したい。急いで断っておかなければならない。ここで言いたいのは、「自然に還れ」運動ではないし、反科学・反技術論でもない。また新しいものを求めての挑戦を否定しているのでもない。新幹線もジェット機もコンピューターにも十分お世話になっている。

ただ、そのような技術や道具があるからそれに人間を合わせていくのではなく、人間としてこういう暮らし方をしたいという考えがあって、そのためにどのようにそれらを使いこなしたら最も快適かを考えてみようという提案だ。第二次大戦後のひもじい時代を記憶している者としては、食の豊かさを生活の基本の第一にあげたいが、それはコンビニエンスストアで毎日お弁当類がゴミになっていくような見せかけの豊かさとは違う。

前置きが長くなったが、「人間は生物である」というあたりまえのことを基本に、暮しを組み立てられないものかと考えてみたいのだ。

「火と機械」から「水と生命」へ

二〇世紀を象徴的に表現するなら「火と機械」だろう。火には大きく二つの意味をこめている。一つは石油だ。この発見と利用がどれだけ私たちの生活を便利にしてくれたことだろう。火力による電気の供給、ガソリンで走る自動車を考えてみただけでもそれがわかる。しかし火は、戦争をも思い起こさせる。戦争で失われた生命の数で、この世紀を越えるものはない（今後もおそらくないだろうと思うし、そう願う）。機械については、改めて例示するまでもなかろう。先に述べたように、生活に多くの恩恵をもたらした。ただ、これもまた、戦争だけでなく環境問題など多くの課題を引き起こし、それへの対処法はまだ確立していない。

そこで二一世紀を、「火と機械」を越え、それをも包みこむ「水と生命」の時代にすることで、現代社会の抱える問題を乗り越える方向を考えてみたい。

ここで注目するのは、食と健康と環境と知の四つだ。ＩＴ革命もグローバライゼーションも否定せず、競争社会も必要なところは取りいれて活性化したい。けれども、今、ＩＴ革命、ＩＴ革命とお題目のように唱えている人は、それによって一人ひとりの生活がどうなるかを明確に示していない。ｅコマース（電子商取引）で好きなときに好きなように物が手に入りますと言うけれど、いったいそこで手に入れる物はだれがつくったどんな物かは教えてくれない。本当に質の高い物がつくられ、それが従来の非効率な流通を越えて手に入るのならすばらしい。大事なのはそこだ。水と生命を基本にする社会への転換については、先にあげた四つに関する価値判断の基準を生命に置く。

生命を基準にするとは

欲望に応え、経済競争に勝つというところに視点を置くと、第一の価値は効率になる。ところで、食、健康、環境、知が関わる生きものという存在には、この価値観は合わない。なぜなら、生きるということはプロセスであり、時間を縮めることは無意味だからである。その他、効率よく多くの人の欲望に応え、経済成長をはかるには均一と量という価値も入るが、生きものに目を向けると、そこには多様で質の違いを競っている姿が見えてくる。

ここで選択が必要になる。水と生命への転換とは経済大国をめざすのではなく、社会を構成する一人ひとりが納得のいく生き方をし、その集団として存在感のある国になるということである。

自然と人間と人工の関係

火と機械の世紀であった二〇世紀には、日本は資源のない国と言われた。確かに、石炭は深い地底まで行かなければ手に入らず、オーストラリアから輸入したほうが安価になってしまった。魔法の水ともいえる石油は、まったく産出しないと言ってもよく、それに付随する天然ガスも外から運ぶ他ない。幸いすばらしい技術力をもつので、資源はすべて輸入し、それを加工した自動車や電化製品の輸出で日本は経済大国になった。そのためには、工業地域へ若者を集中させる必要があった。こうして工業化、都市化が進むと同時に、農山村は過疎化し、第一次産業は衰退し、一次産品も輸入に頼ることになったのである。

ところで、日本は本当に資源のない国なのだろうか。飛行機で日本の上空を飛んだことのある方なら、だれもがこの国の緑の豊かさ、周囲を囲む海の広さを思うだろう。地球儀を見れば、

中村桂子コレクション

月報 6

第3巻（第6回配本）

2020年9月

目次

藤原書店

東京都新宿区
早稲田鶴巻町

理科系と文科系の垣根を越えて

稲本 正

時々「理科系ですか？　文科系ですか？」と聞かれる。正直、自分では良く解らない。

高校から浪人の頃も迷っていて、叔父の英米文学者の佐伯彰一に「小説家になりたい」と言ったら、「何しろ、本を読んで、一日最低でも二〇〇〇字書きなさい」と言われ、実行した。が、小説家は無理だと悟り、急に原子物理を目指し、武谷三男を師とした。そしてアインシュタインやシュレディンガーを乗り越えよう！などと無謀な夢を見て、大学に残ったが、当然にも彼等のような大天才には及びもつかないと思い知らされた。そして、シュレディンガーの『生命とは何か』とH・D・ソローの『森の生活』に触発され、飛騨の里山に「お椀から建物までの『緑の工芸村』」オークヴィレッジを創設した。

創設してから何年目かに小学館から『森の博物館』という本を出版してもらってまもなくだったと思うが、『本の窓』という、小学館の小冊子が送られて来て、そこに、中村桂子さんが連載を始められた。

多分、その初回あたりだったと思うが、桂子さんがシュレディンガーの『生命とは何か』について書いているのに接した。驚きと喜びで小躍りした。中村桂子さんのことは、以前から知っていて間違いなく生命科学のトップになる人だと思っていたし、その上、「生命史」ではなく〈生命誌〉をかかげられるという話を聞いていたから、その人が、自分が原子物理を止めて飛騨に移り住んだきっかけになる本について書いてくれているなんて！と勝手に「同志現れる」と思い込んだ。シュレディンガーは「植物圏を大切にしなければ、地球はエントロピーが増大し、汚れて、人類は大変なことになる」という予言めいたことを『生命とは何か』で書いていて、私が広葉樹の植林と育林のためにかかげた「こども一人、どんぐり一粒」と呼応するものを感じ、その後、中村さんの活動をさらに注目し、大いに共鳴した。

そんなことがあり、私は勝手に、中村桂子さんは、私の生命科学の先生であり、同時に「現代人の多くが生命誌の中の人類の位置を間違い始めている」ことに警鐘を鳴らす彼女の応援団のつもりになっていた。そして、生命誌研究館の副館長になられた頃、インタビューで訪ねていった時も、まるで昔からの友人のように話したが、そんなぶしつけな私にも、丁寧に対応して下さった。そして、私の『ソローと漱石の森』(NHK出版)の書評を書いて下さったりもした。

私がその後、『森の惑星』(世界文化社)という本の取材で、京都大学の井上民二さんに会おうとした時も、勝手に中村桂子さんの名を出したら、二〇〇〇年の一二月にボルネオで会えることになった。ところがなんと! 井上さんは、九月に飛行機事故で亡くなってしまった。亡くなった井上さんに一番聞きたかったのは、生物は、お互いに「競争」して戦うより、「相利」の関係にあることが多く、「共進化」もしくは「共生進化」こそが主流と思えるが、「植物と昆虫の関係から人類平和への道を、どう開いたら良いか?」そしてさらに「核兵器の廃絶と、環境問題の克服の仕方に特別のメッセージはないか?」など聞きたかったが、かなわなかった。

この私のテーマと同じような観点から、中村桂子さんは生命誌を確実に発信し続けておられる。しかも、科学者としてだけでなく、日本文学の古典や宮沢賢治などをテーマにした活動もされ、まさに、理科系と文科系の垣根を越えた発信は、これからの時代にますますその価値が見直されると思う。

私は最近「日本産天然精油連絡協議会」の発足にかかわり、中村桂子さんに副理事長になってもらった。それは、アロマの真髄は生命のコミュニケーションの方法を探ることで、それには「生命誌」の観点が欠かせないからだ。

最近、私は『脳と森から学ぶ日本の未来——

を考える』（WAVE出版）という本を出版したが、二〇五〇年頃までに、中村桂子さんの本を読み、中村さんの志向性をひきつぐ若手の研究者（できれば女性）が大活躍して、人類の未来に明りを灯すことを期待したい。

（いなもと・ただし／東京農業大学客員教授）

ゲノムのミネルバ

大原謙一郎

私が中村桂子さんと出会ったのは、第一回目の石油ショックの頃でした。それまで「エネルギーや資源はいくらでもあって安価に入手できるものだ」と思っていた私たちが、「実はそうではない」と思い知らされたのはこの頃でした。

その衝撃は大きく、企業人たちは浮き足立ちました。「大変だ、地球が危うい、その中でも、日本は特に危うい」と、危機感が蔓延していました。

その頃、私は、倉敷レイヨン（クラレ）という、石油を原料に合成繊維や化学製品を作る会社の企画部門にいました。一番ぶちのめされた分野の会社です。

何とかせにゃならん、どこか変わらにゃならん、と私たちは焦っていました。

ちょうどその頃、ある人から「三菱化成（当時）に中村桂子さんというバイオ技術のパイオニアがいるよ、弟子入りしてみたらどうか」と誘われました。

石油化学業界にいた私たちにとって、「バイオ」の世界は燦然と輝く未来の希望のように見えていました。そこは、ケミカル事業のすぐそばにある秘密の花園に見えました。私は胸躍らせて教えを請いました。

ところが、中村桂子さんは悩めるクラレに救いの手を差し伸べてはくれませんでした。「バイオにロマンなんか持っちゃダメよ、ちゃんと現実を見て、本質を見極めなさい」というのが桂子さんの教えでした。

そして、科学すること、生命と取り組むこと、生命をビジネスとすることはどういうことなのか、具体的な例をあげながら静かに解き明かして行かれました。耳を傾けながら、私は強い衝撃を受け、深く納得しました。

浮き足立っていた若き企業スタッフにとって、中村桂子さんは、この世に降り立った知恵の女神ミネルバのように思えました。

その時以来、「原点だよ、原点！　原点を見極めるのが肝要だよ」というのが私の口癖になりました。それが、私が読み取った教訓でした。

その後、私は、様々な新機軸に挑む時には必ず、「何かを変える時に一番大事なのは組織の原点だ」と心得て自戒してきました。中村桂子さんの教えは私の中に生き続けました。

その桂子さんが、「生命誌」というコンセプトを掲げて、再びミネルバのように降り立ったのが大阪高槻の地でした。「生命誌研究館」の誕生です。そこは、中村桂子さんにとっての「原点回帰の場」だと、私には感じられました。

その頃私は、倉敷の大原美術館の経営に夢中になっていましたが、生命誌を見て「これは現代美術に他ならない」と感じました。さらに勉強するにつれて、「生命誌」には、現代美術だけでなく、古典美術も、音楽も、文学も、哲学も、文化・芸術・人文学の全てが詰まっている」ということが見えてきました。

生命誌は、まさに、中村ワールドの、ゆらぐことの無い原点に違いないと思えました。

様々な価値観が試練に直面している今、多くの若者たちが中村桂子さんから学び、その思想に共感しています。彼ら彼女らは、ミネルバ女神の使いのフクロウのように、世界に飛び立っています。

この著作集が、若きフクロウたちにとって（そして、若くないフクロウたちにとっても）、大きな力になることを期待したいと思います。

（おおはら・けんいちろう／公益財団法人大原美術館名誉館長　人文知応援フォーラム代表）

生命の「森羅」と「渦巻文様」

鶴岡真弓

それは一九九八年。二一世紀へと百年単位の人類の歴史が変わる直前の季節。京都「西陣」、織物の町にある「織成館（おりなすかん）」という手織ミュージアムで、中村桂子先生と初対談の機会をいただいた。季刊『生命誌』（一九号）掲載という。光栄の至りで、心が弾んだ。

立命館大学・衣笠キャンパスの文学部に着任し、私は北野天満宮近くに住んでいた。数分歩けばすぐ西陣。約束の「織成舘」に向かって歩いていくと、機織りの音が聞こえた。なにか雅な織姫に会いにいくような直感が走った。

そのとおり、織成舘で待っていてくださった桂子先生は、雅な佇まいであった。

私たちのその日のダイアローグのテーマは「渦巻文様」。DNAの螺旋にも通じ、また私の研究するヨーロッパの古層文明を築いたケルト美術の代表的な文様にしてデザインでもある「渦巻」について、大いに語り合わさせていただいたのである。

先生は熟練の織姫のように縦横に、いや縦横以上に、語られた。

織物といえば普通はシャトルを刺して「縦と横」から「経糸（たていと）と緯糸（よこいと）」を交叉して作る。しかし先生の言葉・思考は、それを保ちながら「斜めの糸」をスーと通し、思いもかけない「第三」の糸で、理路の織物を次々に提示するのだ。

それはまるで歴史的に誰も発想しえなかった「斜めの糸」で編み始められた、あの美しい「羅（ら）」の織物に喩えられるものだ。経糸と緯糸だけの織物には決して表現しえない、思いもかけない糸が斜めに投じられ、組み込まれていくのである。

「羅」という織り方は、自然の気持ちの良い風を通して呼吸する清涼なる織布を生む。

漢字の「羅」とは、❶網状の織りが複雑に連なっている様を指し、❷「連なり」「並べる」の意でもあり、「羅列」や「森羅」という語の基になった。

またこの高貴な織物は薄く繊細であり、❸薄物・薄衣はこの上なく美しく、その衣を「綺羅」とも呼ぶ所以である。さらに「羅」は、❹文化用語では古代インド由来の梵語をも指すから、「羅漢」や「羅紗（らしゃ）」という語にもなった。

そしてなんといってもこの織物「羅」の名は、「大自然」と「生きとし生ける」ものを表す「森羅」という言葉と響き合っている。

近代科学では、タテ・ヨコの格子の中だけで物事が考えられてしまった。「生命」については、「生か死か」「健か病か」、倫理学や心理学では「善か悪か」「闇か光か」など、二項対立方式での発想の方が合理的だったからだ。

しかし中村桂子先生は、そうしたタテ・ヨコの合理的グリッドで押さえ込まれた織の枠組みから、溢れ出てしまう、「沸き立つ生命の物語」＝「生命誌」を、まさに複雑・繊細な羅の織物のように、ナナメの糸を通して導入されたのだった。

他の大勢の織り手が成そうとしてもできなかったそれは、勇気ある一投にして一灯だった。中村桂子という織姫が踏み出して広めていく、新しい織布の誕生だった。

その「羅」の手法は、「森羅」を見つめ物語る織物でもあると私には思えた。そしてその柔軟にして複雑に展開するシャトルは、やがて螺旋となり、「渦巻」的な生命循環の思考に繋がっていく。

人類という種や人間の個体にとって、己の生命の始まりと終わりは、永遠の神秘に隠されているのだろう。誰もそれを目撃できないという意味では、生命とは、永遠に始まりと終わりを謎のままに孕み、蠢く「渦巻」であるだろう。

その「渦巻」は、私には、生命的なデザイン論において探求できる「ケルト渦巻文様」を想起させる。

「死からの再生」の暦を編み出したケルトの人々は、永遠に循環する「渦巻文様」を今日に伝えてきた。ハロウィンとなって後に広まる、死した万霊に祈る冬の祭暦はケルト起源で、渦巻的な生命循環を祈る冬＝死から再生が始まる祭である。

中村桂子先生が織り上げてきた「生命誌」は、そうした「ケルティック・スパイラル」のように、永遠の「生命循環」への祈りを糸巻に託していると思える。

西陣の織成舘での対話が、拙著『ケルトの魂』（平凡社）にも収められた由縁である。不世出の生命誌の織姫、中村桂子先生。その対話の言葉は、私の中で更なる渦巻となり、光のように蠢き続けている。

（つるおか・まゆみ／多摩美術大学　芸術人類学研究所所長
同大学美術館館長　芸術文明史）

生命誌と家庭料理

土井善晴

ある日ラジオを聴いていたら、説得力のある、優しさがある、深い愛情がある声が聞こえてきた。その声に惹きつけられて、内容に集中していった私は、生命誌という科学があるということを知った。そしてその声の主は、もちろん中村桂子先生。

以後ＮＨＫカルチャーラジオ「科学と人間」「まど・みちおの詩で生命誌をよむ」十三回に及ぶシリーズをぜんぶ聴いた。まどさんの「つけもののおもし」、のみ、ミミズ、見えないもの、身近なものに、純粋な目を開けて詠んだ詩を、中村桂子先生が生命誌に引き寄せて、生き物のおもしろさ、いのちの尊さを、エビデンスを添えて教えてくれる。感動して、この人にお会いしたいと思って、すぐに手紙を書いた。それまでこんな素敵な科学者がいることを知らなかった。それまで科学者というのは科学の世界にいる人で、普通の人の普通の暮らしと関わらないと考えていた。科学は人間の幸福に向かっていないとさえ思っていた。

高槻の生命誌研究館を訪ねて、先生とお会いして交流が始まる。「私は日常が好きなのです、科学でわかることはおもしろいですが、それが日常と繋がらなかったら意味がありません」とうかがった。日常の要はお料理だから、そりゃ、私と気が合うはずだと勝手に思った。

先生にはじめて私のおいしいもの研究所に来ていただいたとき、白い刺繍の入った淡い藍の木綿のゆったりとしたブラウスの装いだった。素敵だなぁ……と見ていると、「土井さんは藍染のシャツを着ると思ったの」と。先生は関係性を読まれるのですね。食事はいのちの出会いの場、人間と自然の食材、食材と食材、料理と器、器と器は常にその良き関係性に、美しさをともなって味わいが生まれる。先生曰く、「組み合わせは、生きものの世界が得意とするところです」。

先生はいつお会いしても、派手じゃないのにハッとする装いをされて、とても素敵だなぁと思う。先生との打ち合わせは楽しみで、こちらも先生とマッチする場を考える。庭の見えるホテルラウンジで、アフタヌーンティー

を楽しみながら、打ち合わせる。すると先生の中の「おんなのこ」が出てきてうれしそうにする。その様子を見ているだけで、私も嬉しくなる。写真はお花屋さんで、私が用意したプチフールを見ている中村先生。たわいもない昔話や、いろいろうかがったら「こういう時間を大切にしなくちゃね」って。

『「ふつうのおんなの子」のちから』という本を出されたとき、早速読んだ。「子どもの本から学んだこと」と副題にあるように、あしながおじさん、モモ、ハイジ、赤毛のアンなどの物語に、生き生きとした強い、感受性の鋭い、やさしい女の子の心がどれほど、この世の中を支えているのかを知る。歴史を作ったのは強い男ばかりではない。歴史を豊かにしているのは女である――感動して、この本は男が読むべきだと思った。男は本当に何も知らない。大切な事を忘れている。おろそかにする。だからこの本をたくさん買って男女に配った。

命とは、常に変化するもの。だから「動詞の言葉」を大切にされている。私に用意してくださった言葉は「和える」。和えると混ぜるは、違うのだと改めて気がついた。「和える」は、複数の食材の個性を尊重して、協調しあう、視覚的美をともなう絶妙な関係。それは和食の観念を象徴する料理の技法で、人間は何も作らないという発想を含む自然主義。西洋料理は複数の食材から別のものを作ろうと試みる化学変化を期待する人間主義。

「ＤＮＡは設計図ではない」と教わる。人間は自然のことをまだほとんどわかっていないのだ。人間だけが偉いと思うのは大間違い。人間は自然の一部です。生き物の研究をするだけでなく、普通の人の感覚で「生きていく」ことを、深くおもしろく考えたい。

「料理のレシピは設計図ではない」。料理は技術だけでなく、自然をよく見て知り、食べる人を思って、人間の幸福を考えること。中村桂子先生の生命誌と私の思う家庭料理は、重なるところが多く、とても良く似ているなと、勝手に思っている。

（どい・よしはる／料理研究家）

日本列島が、この球の上のすばらしい位置に、よい形で存在することに気づくだろう。水、緑、太陽光、それらがうまく変化して生じた四季、その結果生まれた肥沃な大地と自然を理解しそれに親しむ人間の心。こうしてあげていくと、地球上の多くの国では得られない貴重な資源に充ちていることがわかる。水と生命の時代として二一世紀を築いていこうと思うなら、日本ほど資源に恵まれた国はないと言ってよかろう。

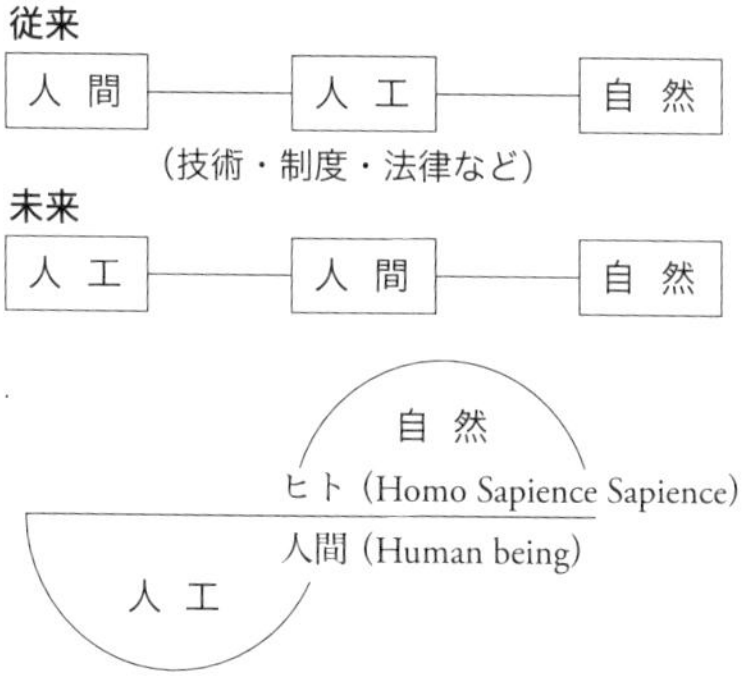

図 3-1　人間・自然・人工の関係

この資源は、先にあげた食、健康、環境、知を豊かなものにするのに非常に役に立つ。このように豊かな資源(別の言葉を使うなら自然)の中で暮らしてきた日本人が、それとどのようにつきあってきたかを見直してみよう。

火と機械を生かした暮らし方は、西欧で開発された文明の流れにある。そこで、生物ではあるけれど、人間は特別な存在であると考え、自然を征服するために多くの技術を開発してきた。しかし現在では西欧思想から生まれた科学が、地球上のあらゆる生物はすべて同じ祖先から生まれた仲間であり、人間も決して特別ではないことを明らかにした。別の言い方をすれば、人間は自然の一部であり、しかも、自分の中に自然を抱えているのである（図3－1）。

あらゆる場所に里山を

自然の一部でありながら、人間としての特徴である技術を有効に用いて暮しをつくっていくとすると、人間と自然と技術の関係はどうなるか。そこで参考になるのは、自然をフルに活用しながら、自然を存続させ、安定した生活を可能にしてきた「里山」である。ここでは里山の概念を広くとり、都市にもそれを適用したい。東京の下町の団地で、通常なら芝生にするのが常の共用地を自然の森にしたところ、二〇年でみごとに育ったという例がある。みごとな森は、ときに、家の陽あたりを悪くする。また森としてさらに育つためにも間伐は必要なので、間伐材でベンチをつくったり一部を薪にしてバーベキューをする。これもある種の里山的な自然との関係である。もっと小型にすれば、マンションの屋上やベランダでもそのような関係はつくれる。

もちろん本格的な里山は、農山村での山と田畑と日常の暮しとの中にあるわけだが、要は、自然をできるだけ活用し、それによって豊かな自然を維持し、そこから人間としてのよりよい暮しを得る方法として、日本の伝統である里山を基本にするのだ。もちろん、里山的生活は、決して先端技術を否定するものではない。テレビ、コンピューター、自動車など、現在の技術はもちろん、新しい情報技術、バイオテクノロジーなどを開発して活用し、地球上のすべての人が人間らしく暮らせるようにする必要がある。

食の生産は身近で行なう先端産業

これまで述べてきた方向に価値観が変われば、当然産業のあり方も変わってくる。まず、農林水産業の見直しが必要だ。火と機械の二〇世紀をリードしてきたアメリカが農業国であることを考えてみよう。そこには広大な土地があるから、それは当然で、日本のように狭い土地では生産性が低くて対抗できない。これが二〇世紀の考え方だった。しかし、これからは食べものへの要求は、自分の土地に合ったもの、多様なもの、安全なものなど本質を見据えたものになっていくだろう。有機農業という言葉は、特殊な生産方式を指すとされ、ときにはマニアックなもののように位置づけられがちだが、農業は本来有機であり、それを本筋にしなければならない。それは、バイオテクノロジー（組換えDNA技術もその一つ）を用いたり、生分解性（物質が微生物によって分解される性質）の農薬を適宜用いたりと、生物の性質をよく知ったうえでの技術を含めた「有機」である。

毎年、全国から集まる農業者の記録を読む機会があり、生産者の苦労と喜びに触れるたびにこの産業の深みと強さを感じ、同時に、社会としてこの営みをもっと高く評価しなければいけないという思いを抱く。また、農業高校の生徒に接すると、生きものに触れる生活をしているために彼らがもっている明るさがうれしくなる。日本の若者すべてがこの体験をしたら、日本社会はより明るく変わるに違いないと思う。

社会が農林水産業という産業の価値を明確に位置づけ、国の政策としても、自らの手で、安全で安心な食べものをつくり、本質的な意味での豊かな食生活（ここでの豊かさは、グルメという意味ではない）を保証できる社会をめざせば、それに従事する有能な人々が活躍し、それが社会を安定させるはずだ。

水と生命という視点からは、農林水産業は魅力的な先端産業である。生産する作物に関する知識はもちろん、気象、土壌、経済などなど総合的知識なしでは進められず、またそれだけに、やりがいのある事業だ。独立心をもち、深く考える人が、そこで育っていくだろう。

経済大国よりも暮しを

農林水産業を、効率だけから評価して生産性の低い産業と位置づけるのでなく、その本質を見ることから始めれば、水と生命の時代は始まる。そこでの生活は、おのずと健康、環境、教育についてよく考えられた暮らしやすいものになると期待できる。ここでは詳細を述べる余裕はないが、生きものとしての人間が無理せずに生きることになれば、子どもも育てやすく、現在心配されている少子化や東京への一極集中の弊害も解決されるだろう。

最初に述べたように、今、最も心配されるのは、外の自然の破壊よりも、人間の内にある自然（体も心も含めて）の崩壊である。それを止めるには、経済大国をめざすのでなく、おちついた、しかし存在感のある世界で尊敬される国になるしかない。それには、まず、自らを支える食を自らがつくること。それも生産性の低い遅れた仕事をいやいや行なうというのではなく、価値の転換をして、最先端産業としての食生産を行なうことから始めるのだ。安心して安全なものを食べれば、心身の健康も保たれるはずである。

このような価値転換をするにはどうするか。それには、みなが自分が生きものであることを

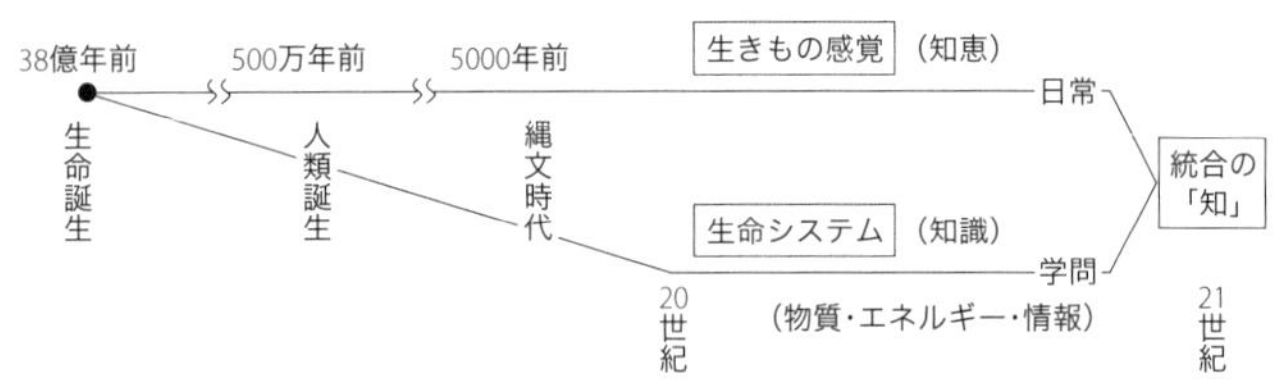

図 3-2　21世紀を支える「知」

実感し、最も大事なのは、生きものである人間が、人間らしく生きるのが大切だと考えることだろう。まずは幼児期に自然と接する必要性、答えはそこにある。早くから塾へ通って勉強するのでなく、六歳くらいまでは思いっきり人間と接し、他の生きものと遊び、身の回りの自然に触れる。こうして生きものとしての感覚を身につけてから、できるだけ多くの自然に関する知識を得て、新しい社会づくりをする人になる。こんなシナリオで進めていけば、地球上の恵まれた位置にあるこの国での暮しは、本当の豊かさを手にしたものになるに違いないと思っている。

幸い二〇世紀後半は、DNAを基本にして生物全体を関連づけた理解が急速に進んでおり、その知識を活用して、これまで述べてきたような考え方（価値観）を支えたり、具体的な技術を産みだすことは可能である。生きもの感覚とよんでよい「知恵」と、最先端科学から得た生物に関する「知識」との合体で、二一世紀を支える「知」を組み立て、社会をつくっていきたい（図3－2）。

2 いのちを見つめれば先は見える

不透明な時代だ、先が見えないという言葉をよく聞く。何を見ているんだろう。本当に目は開いているんだろうかと疑いたくなる。環境をテーマにするＮＰＯ活動への助成を認定する会合に出席し、今、戻ったところである。選考役として、各組織の活動への思いや実践報告を聞いていると、そこに集まった人々の見ている方向は同じであり、今、何をしたらよいかがはっきりしていることがわかってくる。

だれもが、この国の自然を生かし、自然の中で生かされてきた過程で生まれた伝統文化を新しい目で見直し、新しい生き方を探ろうとしているのである。ここで、現代生物学が明らかにした、地球に生きる生物はみな祖先を一つにする仲間であり、人間もその仲間の一つであるという事実が重要になる。生物は、三八億年という長い間地球上で生き続け、多様化してきたのだから、今後の人類の存続を考えるなら、生きものの一員としていかに生きるかを考えなければならないのは当然である。それを前提にし、豊かな自然の中で、地球上に暮らすすべての人が（できることならすべての生きものが）いきいきと暮らせる生活を可能にするためには何をしたらよいかを考え、実行に向けて努力するのが新しい生き方になる。

そこで、具体的に出てくるのが農業、水産業、林業などの第一次産業の重要性だ。実は環境をテーマにした活動の多くは、これらの産業を立て直すプロジェクトになっている。よい環境というのは、身の回りに緑があるという単純な話ではなく、生活そのものが自然を生かし、生かされる状態になっていることを指す。ガラス、コンクリートで超高層ビルを建て、屋上庭園をつくり、ときにはそこに田んぼをつくって環境にやさしい、などというのはまやかしとしか言えないけれど。

一九六〇年には八〇％ほどだった食糧自給率が一九九七年には四〇％になった。さすがに農林水産省は危機感を抱き、四五％に上げようという目標を立てたが、残念なことに今や四〇％を切ることになってしまった。先進国の中にこんな国がどこにあるだろう。日本列島を旅すれば、どこへ行っても豊かな水、みごとな土、そこに育つ緑がある（あったと言ったほうがよいところもあるが)。森、河川、海……これらがすべて存在し、四季の変化を示すまさに〝美しい国〟だ。この国で、安全でおいしい食べものをつくらないのはなぜだろう。

今このときのお金の計算だけでの判断を止め、三〇年先にみなが明るい顔で暮らしている社会を求めて何をするかを考えるなら、この列島のあらゆる場所で農林水産業が魅力的な産業として行なわれている社会を組み立てることが最優先となるはずだ。農業基本法が食料・農業・農村基本法として生まれ変わったのは、農業という産業が食べものと農村、つまり人間の暮らす場とをつなぐものであるという考え方になったからであり、よい方向を示している。しかし法律を生かすも殺すも人間である。中央官庁、地方自治体、農協、農業従事者はもちろん、社会全体が農業を私たちの生活の基本であることを認識し、守りたてる努力をしなければならない。食という生活の基本が安定していない社会は良質とはいえない。

自然を見据え、いのちを基本にした生き方を選択したときのもう一つの利点は、人間としての豊かさが生まれることである。前述したように、生物研究の立場で農業や環境の大切さを思う気持ちから、このところ、そのような活動の現場を訪れることが多い。そこで感じるのは、人々が明るく、笑顔が美しく、接していて楽しいことである。一言で言えば人間としての豊かさがある。先日は、コウノトリをよびもどそうと長い間努力してきた兵庫県豊岡市を訪れた。ここでは、「育む農業」と名づけて、コウノトリの食べるドジョウやフナなどが生息する田んぼづくりに努力している。この活動は有名なので詳細は省くが、小・中学校の子どもたちが自分たちの田んぼで収穫したお米を市長さんに給食用に買いあげるよう交渉したという話には笑ってしまった。

努力してつくったものを最も有効に生かす方法を考え、販売活動をするとは。まさに生きる力を身につけている。それを話してくれた市長さんは楽しそうだった。明るい未来を思いえがけるからだろう。もちろん、自然相手の仕事は決してなまやさしいものではない。「育む農業」と名づけた方法も、コウノトリのために薬剤使用をギリギリまで減らしており、手入れが大変なので、農家にすんなり受けいれられるものではないとのことだ。しかし、それに関わっている人は、先が見えており、何のために苦労しているかがわかっているので明るいのである。

判で押したように、地方はさびれていると言う。確かに人々はいまだに東京に集まっており、そこに次々と超高層ビルが並び、ブランド品の店が並び、夜中まで明るい街ができている。しかし、これまで述べてきたような目で見たときに、ここに本当の豊かさは見えない。今、国づくりに関わる政治家や官僚は、分散型社会への道をつくってほしい。これこそ先進国、別の言葉を使うなら成熟型社会の姿である。先進国と名のりながら、これほどの一極集中をしている国がどこにあるだろう。

先進国であろうとし、経済競争に乗り遅れないようにしようと焦れば焦るほど、先進国とはよべない、ゆとりのない国になってしまっているような気がしてしかたがない。今、進められている経済競争に勝つと、その先にどんなすばらしい生活があるのだろう。経済には疎いのでよくわからないが、日本は今、GDPは伸びていないと聞いた。もうその方向で闘うときではないということなのではないだろうか。

地球儀を眺めて思う。こんなに恵まれた場所に南北に細長く、高低もあり、海に囲まれたなんとよい国に私は生まれたのだろうと。そして、そこに住む者は、すばらしい能力をもち、やさしい気持ちをもっている人たちであることは、日々接している仲間が証明してくれている。一方、お金と権力に振りまわされたとき、人間がどんなに醜くなるかの例もテレビや新聞でいやというほど見せられている。そこから離れ、自然、生命、人間のすばらしさに目を向けて、これからの生活を考えれば、明るい未来が見えるにちがいない。

3　教育の原点としての農業を

はじめに

「産業と教育」というテーマの中で農業を取りあげます。まず思いうかぶのが農業高校です。通常農業高校は、産業としての農業を教育する場であり、農業の担い手や農業関連事業で活躍する人を育てる場とされています。もちろんその役割は重要です。しかしここでは、農業にはそもそも教育の力が備わっているという立場から、少し視野を広げて教育の原点としての農業を考えたいのです。わが国の教育全般に農業のもつ教育力を生かせたらすばらしいと思っています。

人間は生きものであり、自然の一部である

教育とは何かと、改めて問うとむずかしいものがあります。辞書にある「人間に他から意図をもって働きかけ、望ましい姿に変化させ、価値を実現する活動」という定義に基づいて、その社会がもつ価値に合わせるように教えこむとするなら、軍事政権下での教育なども頭に浮かび、むずかしさだけでなく怖さを感じます。教育について考えると、どうしても太平洋戦争下の国民学校で学んだ体験が思い出されるのです。そこで思いきって、教育はこうあるべきだなどと大上段に構えるのをやめたところ、生命誌の「人間は生きものであり、自然の一部である」というあたりまえのことを基本にし、そのうえで人間性を育てるところに目を向けるのはどうだろうという方向が見えてきました。

ここには、当然私の価値観が入っており、こう考えた理由は二つあります。一つは、長い間生きものの研究をしていると、「人間は生きものである」と心の底から実感し、他の生きものたちと仲間であると思うことがよくあります。花が美しいからとか、ペットがかわいいからと

いう次元を越えた仲間意識です。

現代生物学は、地球に暮らす多様な生きものは、みな細胞でできており、そこには必ずDNAがあるという共通性を明らかにしました。それが偶然とは考えにくいので、私たちは、すべての生きものが一つの細胞から始まったと考えています。その細胞がいつ、どこで生まれたのかはまだ確定できていませんが、三八億年前の海には細胞がいただろうと考えられます。つまり、現存の生きものはみな、三八億年という歴史を抱えこんで生きているのです。もちろん人間もその一つです。つまり人間が生きものであるということは、三八億年かけてできあがった生態系（自然）の一部であるということなのです。この事実を端的に示した、「生命誌絵巻」（本書の前見返しを参照）を眺めてください。

すると祖先を一つにする、多様な生きものの一つとしての人間がよく見えてきます。この事実は、私たちは自然という枠の中で生きる存在なのだという制限を示してもいますが、一方で、三八億年も続いてきた生きものの力を活用できるということも意味しています。今、大事なことは、この力を活用しようという意識です。三八億年の間、地球は決して穏やかではありませんでした。そこで継続してきた生きものの力には、学ぶところがたくさんあります。

もう一つの理由は、現代社会のありようです。科学技術を活用し、便利な生活を実現するこ

1989年11月創立　1990年4月創刊

月刊

2020
8
No. 341

〈特集〉戦後75年を想う

◎日本が見えない
この空気
この音
オレは日本に帰ってきた
帰ってきた
オレの日本に帰ってきた。
でも
オレには日本が見えない。

空気がサクレツしてゐた
軍靴がテントウしてゐた。
その時
オレの目の前で大地がわれた
まっ黒なオレの眼球が空間に
とびちった。
オレは光素（エーテル）を失って
テントウした。

日本よ
オレの国よ
オレにはお前が見へない
一体オレは本当に日本に帰ってきてゐるのか
なんにもみえない。
オレの日本はなくなった。
オレの日本がみえない。

出征前の竹内浩三が、日大映画科在学中、ドイツ語読本の表紙裏の余白に書いた詩。2001年小林察氏が、浩三の姉の嫁ぎ先の松島家（松阪市）の書庫で発見。

発行所　株式会社　藤原書店©
〒一六二‐〇〇四一　東京都新宿区早稲田鶴巻町五二三
電話　〇三・五二七二・〇三〇一（代）
FAX　〇三・五二七二・〇四五〇
◎本冊子表示の価格は消費税抜きの価格です。

編集兼発行人
藤原良雄
頒価　100円

●八月号目次●

まんがと詩を愛し、フィリピンで戦死した青年の、珠玉の作品

天性の詩人、竹内浩三

一九八四年、『竹内浩三全集』全二巻（1「骨のうたう」2「筑波日記」）の出版によって、戦没学生、竹内浩三は、初めて広く世に知られるようになった。その年の終戦記念日、全国紙の一面コラムは、この竹内浩三を取り上げた。

竹内浩三は一九二一年、三重県宇治山田市に生れた。中学時代は、友人らと「まんがのよろずや」「ぱんち」等と題した手作りの回覧雑誌を作る。戦争の時代を揶揄した内容もあり、教師から発行停止を喰らったがめげなかった。四〇年、映画監督伊丹万作に憧れ日本大学専門部映画科へ入学。四二年十月、召集を受けて三重県久居町にて入営、四三年に茨城県西筑波飛行場に転属。四四年一月一日から「筑波日記」と題した小さな手帳に〝戦争のすべて〟を書きつけようと執筆を開始。七月二七日に二冊目を中断、一二月、斬り込み隊員としてフィリピンに向かう。三重県庁の公報によると四五年四月九日、「比島バギオ北方一〇五二高地にて戦死」。

自筆のまんがが、詩、軍隊にあって便所で書き続けた「筑波日記」には、その天性の詩才が存分に溢れている。

小社では没七〇年を記念して、二〇一五年に講演と対談そして朗読の集いを開催した。『ぼくもいくさに征くのだけれど』を書いた**稲泉連氏**、『全集』をはじめ、竹内浩三の全作品を紹介し、竹内を世に知らしめた第一人者、**小林察氏**、朗読などで竹内作品を世に広めてこられた**よしだみどり氏**、竹内に早くから関心をもたれていた映画監督の**山田洋次氏**、スクリプターの**野上照代氏**、脚本家の**早坂暁氏**ら。残念ながら天性の才能は、戦争によって失われてしまった。

（編集部）

骨のうたう

竹内浩三

戦死やあわれ
兵隊の死ぬるや　あわれ
遠い他国で　ひょんと死ぬるや
だまって　だれもいないところで
ひょんと死ぬるや
ふるさとの風や
こいびとの眼や
ひょんと消ゆるや
国のため
大君のため
死んでしまうや
その心や

白い箱にて　故国をながめる
音もなく　なんにもなく
帰っては　きましたけれど
故国の人のよそよそしさや
自分の事務や女のみだしなみが大切で
骨は骨　骨を愛する人もなし
骨は骨として　勲章をもらい
高く崇められ　ほまれは高し
なれど　骨はききたかった
絶大な愛情のひびきをききたかった
がらがらどんどんと事務と常識が流れ
故国は発展にいそがしかった
女は　化粧にいそがしかった

ああ　戦死やあわれ
兵隊の死ぬるや　あわれ
こらえきれないさびしさや
国のため
大君のため
死んでしまうや
その心や

生還した駆逐艦「雪風」に乗り組み、「武蔵」「大和」「信濃」の最期に立ち会った少年の秘話。

「少年兵たちの連合艦隊」

――『「雪風」に乗った少年』から一年半を経て

小川万海子

西崎信夫氏との出会い

「妙相（みょうそう）の人」、それが西崎信夫氏の第一印象だった。眼光の強さに、ただならぬ体験をされたことが瞭然だが、微笑むと優しい少年の目になり、笑顔がとびきり美しい。高潔の人柄がにじみ出ていた。

偶然の電話から始まったご縁で、私は西崎氏が語る戦争体験に魅了され、本という形で広く世に出さねばという使命感に突き動かされた。そして西崎氏と二人三脚の末、昨年一月に上梓したのが、本書**『「雪風」に乗った少年――十五歳で出征した「海軍特別年少兵」』**である。これまでNHK首都圏ネットワークをはじめ、各種新聞・雑誌に取り上げて頂き、多くの読者から心のこもった、時に長文のご感想を頂戴した。一年半が経った今夏においても、日本経済新聞で紹介されたほか、西崎氏の体験を軸にしたドキュメンタリー番組**「少年兵たちの連合艦隊～駆逐艦〝雪風〟の戦争」**（8月23日（日）22時～NHKBS1）が放送予定である。本書が様々な年代の数多の方々に慈しまれている幸せに、感謝の思いをあらたにしている戦後七十五年の夏である。

骨肉に刻まれた戦争の記憶

三重県志摩市の農家に生まれた西崎氏は、知られざる「海軍特別年少兵」の第一期生として昭和十八年に十六歳で駆逐艦「雪風」に乗艦する。魚雷射手として主要海戦を戦い、「必ず生きて帰ってこい」という母の言葉を支柱にして、稀代の幸運艦と生き抜いた。本書は戦争体験記であるとともに、瑞々しい感性をもつ聡明な少年の目を通した命の物語である。

西崎氏の手記をもとに、新たに聞き取ったたくさんのお話を加えて全体をまとめさせてもらった。西崎氏の故郷をはじめ、広島の呉、大竹、沖縄水上特攻後の物語が展開する宮津、伊根、そして人間魚雷回天の島・山口県大津島など、ゆかりの地を何かに憑かれたかのように巡ったが、コロナ禍の現状では考えられぬ旅の連続であり、目に見えぬ力に導かれて本書は形になったのだと思えてならない。西崎氏の戦争の記憶は驚くほど詳細かつ鮮明だが、その理由を穏やかにこう語ってくれた。「命がかかっている瞬間の連続だったから、骨肉に刻みこまれているのでしょう」。この言葉の衝撃が、本にしたいと言いだした私の責任を再認識させ、出版までの原動力になったといえる。

▲**駆逐艦「雪風」**（昭和 14 年 12 月〜 15 年 1 月、佐世保沖）
（写真提供：大和ミュージアム）

何が読者の心をとらえたか

反響が最も大きかったのが、本書の臨場感だ。「全体を貫く臨場感はただごとではない。十代の少年の骨肉に刻まれた記憶は、あまりに凄惨で理不尽だ」（本郷恵子・東京大教授　読売新聞書評より）。間近で目撃していた幻の空母「信濃」と戦艦「大和」の沈没、重油の海での生存者救助の死闘、急な配置換えとなった機銃台で恐怖が殺意に変わった瞬間など、西崎氏の記憶は現代の私たちの眼前に映像となって立ち上がり、「出来事の一つ一つが、この瞬間に目の前で起きているかのような感覚の連続で、現代社会と地続きの空気が感じられた」（三十代男性）。戦闘とは対照的な場面、終戦直後に機密書類の焼却を命じられ、伊根の裏山で一人黙々と命令を遂行する様子は、まさに今どこかで行われていることを目撃しているような緊張感がある。

本書は、いわゆる戦記物、戦争回顧の書とは一線を画するという感想も多かった。西崎氏の一貫した冷静な視点による描写は非常にリアルで正直で、武勇伝とは対極にある。信じるところに献身し、誇りをもって任務にあたりながら、「著者の語りは軍隊の不条理を余すところなく伝えている」（佐田尾信作・中國新聞特別論説委員）。

西崎氏は結びで、「自分の国だけに目を向けるのではなく、例えば米国人だったら、中国人だったらと、それぞれの立場になってあの戦争を考えることにより、様々な現実を自分の身に受け止めることができるのではないだろうか」と問いかけ、三十代女性の読者は、「日本目線の歴史ばかりを追究してきたが、外国人の目線で戦争の歴史を見ると当時という時代が立体的に見えてくる」と応える。西崎氏のこの視点こそ、様々な場面で私たちに求められているのではないだろうか。

「雪風」守護神のお孫さんとの出会い

西崎氏が長年語り部活動を行っている新宿の平和祈念展示資料館で、昨年五月に行われた講演会でのことだ。開始のかなり前から席が埋まり、親子連れ、若い女性など幅広い年代のお客様が真剣に耳を傾けていた。終了後、控室を出て帰ろうとする西崎氏に、背の高い四十代くらいの男性が近づいてきた。「私は寺内正道の孫です。祖父のことが書かれている本はたくさんありますが、『「雪風」に乗った少年』が一番わかりやすく、心にすっと入ってきました。一言ご挨拶したくて、お待ちしていました」。

寺内正道その人こそ、「雪風」の五代目艦長で、計算し尽くした操舵術で爆撃回避の神様といわれた勇将である。西崎氏が「雪風」に乗艦して間もなく着任し、「俺が乗り組んだ以上、この船は絶対に沈ませない。だから皆心して頑張ってくれ」と全員の心をわしづかみにした。西崎氏は寺内艦長の従兵を務めたことがあり、艦橋で見張りに当たることも頻繁だったため、象牙パイプをくわえた艦長の勇姿を身近でよく見ていたという。大変人情味のある方で、戦死者が出ると丁重な水葬で送り、遭難した徴用船樽島丸の生存者救助も手厚かったという。「この人のために頑張ろう」と西崎氏は思ったそうだ。様々なエピソードを聞いているうちに、寺内艦長は私の中でもヒーローとなっていった。そのお孫さんが突然目の前に現れたのだ。西崎氏も私も予期せぬことに気の利いた言葉が出ず、大変謙虚な方ですぐに帰っていかれたが、それは天からの贈り物のような出来事だった。

捨てられた「大和」と戦闘機大量購入

昨年は本書の反響で講演、マスコミの取材と、西崎氏は大忙しの一年だった。「自分でもよく頑張ったと思う」と振り返る。記者の方々も西崎氏のお話に食い入るようで、取材は一回につき優に三時間を超えた。中日新聞の若手記者が手にする本書が、書き込みと赤線で溢れんばかりになっていたのを忘れられない。

コロナ禍の日々、マンションに一人住まいの九十三歳の西崎氏は、公園での体

▲小川万海子氏（左）と西崎信夫氏

操を日課とし、デイサービスに通い、季節の植物を絵手紙にして暮らしておられる。以前のような講演活動は難しい状況だが、自らワープロ打ちした講演原稿に、真っ赤になるほど推敲を重ね、準備を怠らない。

七月に電話でお話しした際、西崎氏は憂いていた。

「巨額をつぎ込んだ戦艦『大和』がいざ戦場では全く役に立たなかった。今、日本は戦闘機を大量購入してどうするつもりなのか」。米国務省が、日本に最新鋭ステルス戦闘機F35を計一〇五機売却することを承認し、議会に通知したと報じられた直後のことだ。

そしてこう続けた。「沖縄水上特攻とは、使い物にならなくなった『大和』の捨て場所だったと思っている。その捨てられる『大和』に、『武蔵』や空母『信濃』と比較して約千名も多い乗員が乗っていた（沖縄水上特攻での「大和」の乗員数三三三二名のうち生存者数二七六名）。みんな若い人たちだ。軍部はなんとむごいことをしたか」。

「大和」沈没後、ロープ一本で重油の海から生存者を救助したが、「あのときどうしてもっと助けられなかったのか」という罪悪感が、西崎氏を七十五年間苛み続けている。

昨年末、私は西崎氏の体験を講演する機会を頂いた。遠方など、西崎氏が出かけるのが難しい場合には、代わってお話しさせてもらえたらと思っている。非体験者が何を語れるのかということを自問しながら、責任をもって継承していきたい。精進あるのみだ。直接お会いすることがままならない現状だが、コロナが終息したら、亡き戦友との思い出のショートケーキを持ってお訪ねしよう。

（おがわ・まみこ／元外務省職員）

戦禍をこえて生きる人びとの証言を伝える写真集!

次世代に伝えていくために

写真・文　大石芳野

宮平春子さん（1926年生）。沖縄・座間味村役場助役と兵事主任を兼務していた父が「日本軍から自決命令が下った。米軍の上陸は免れないから自決しよう。日本軍の命令だから仕方がない」と。兄の一家6人、親族の17人、特攻隊で2人の兄を亡くした。孫の愛ちゃん（6歳）と。

アジア太平洋戦争から七十五年が経つが「戦争は終わっていない」と思う人たちが少なくないように思う。そして「歳をとるにつれて甦る」と苦難の表情を滲ませる。若いころは生活も仕事も忙しく体力に任せて過ごすことができたが、老いの域になり衰えが身に沁みるようになって、戦火にうなされる日が増えてきた。

内なるこの葛藤をどうすればいいのか……。戦争は今も世界各地で繰り返されて子どもたちが巻き込まれ、犠牲者も続出している。写真や映像で目にするその姿はあの時代の自分たちに重なり、眠れない日々も。かといって見ないではいられない。「結局は自分たちの体験を次世代に伝えて共有してもらうことが大事なのでは。戦争を繰り返さないために」という言葉を何度も聞いた。

例えばある被爆者は「心臓の病の次は

上＝山川剛さん（一九三六年生）。長崎・浪ノ平で被爆。小学校の生徒たちに、被爆体験と、二度と被爆者をつくらない、核兵器ゼロにという被爆者の願いを語る。／下右＝指方和子さん（一九二八年生）。長崎・竹の久保町で被爆した15歳の弟の学生服。「母は眞夫の制服をお盆の度に虫干ししながら抱き締めて泣いていた」／下左＝原広司さん（一九三二年生）。広島・江田島で被爆。惨憺たる人びとの姿が何十年も脳裡に焼き付いて離れない。ドームの傍らで毎日絵筆をとる。

癌。でも、私の命があるのは、もっと伝えなさいと天から命令されているからかもしれない」と、子どもたちへの思いを語った。「沖縄戦争」で逃げ惑った女性は「戦争を繰り返してはならない。戦争は人間を変えてしまうから。そのことを孫に話している」と目を潤ませた。

あの凄惨な体験を無駄にはできないという深い思いが一人ひとりから強く伝わってくる。

（おおいし・よしの／フォトジャーナリスト）

「日本には二つの中心がある」——天皇、富士、そして多中心の日本へ

楕円の日本——日本国家の構造

山折哲雄
川勝平太

日本には二つの中心がある

山折 日本には二つの中心がある。国家の中心は東京の皇居、霞が関といってもいいかもしれないが、それにたいして国土の中心は富士。日本は、この二つの中心にもとづく楕円でできている。楕円構造というのは、日本の国柄を象徴する場合に非常にいいのではないかと、かねてから思っていたんです。片寄ったナショナリズムを相対化できる。

川勝 富士山は国土の中心ですね。日本人は武士（さむらい）で代表させられると思いましたが、国民の中心ということですと、天皇というべきかもしれませんね。日本国憲法でも大日本帝国憲法でもそうですからね。日本国と国民の統合の象徴です。

山折 国家の象徴はすなわち国土の象徴という二重意識といってもいい。

川勝 なるほど、富士と対に並びうるのは、武士ではなく、天皇ですね。

山折 その場合の富士山は、もちろん静岡県、山梨県の富士山なんだけれども、日本全国に「〇〇富士」というのがあるんですね。それを統合しているわけだから、そういう意味での富士であるわけだね。二元的な楕円構造であると同時に、多元的な日本国家というものを作り上げてもいる。

川勝 それぞれの富士に個性があって、金太郎飴ではない。蝦夷富士、利尻富士、岩手の南部富士、青森の津軽富士、伯耆富士、近江富士、薩摩富士それぞれ地域の代表です。富士という中心が多元的に存在しているので、多中心ともいえます。

日本の中心は、東京の前は江戸、その前は安土桃山、その前は室町、その前は鎌倉、平安、奈良。みな地名です。地名が時代名になっているのは日本独自の特色です。それを地図に落とし込めば、多中心ですね。日本という国では、どの地域も中心になりうるという知恵をそこから引き出せます。中心を山にもとめれば、富士山。日本は富士の国です。それが日本のもう一つのアイデンティティだ……。

日本史の三つの画期

山折　日本の歴史を全体としてどう見るか。日本の歴史を宗教芸術革命という観点から見て、三つの画期を想定することができるだろうと漠然と思いはじめていて、それをまとめてみたんです。

第一期は正倉院芸術文化宗教革命で、芸術文化に象徴されている画期と思います。あそこには当時のユーラシア大陸を中心とする、世界の最高度の政治思想、宗教思想、技術、科学的な思考というものが、全部いわば物として集められ、それが今日まで受け継がれてきている。

▲山折哲雄氏（上）と川勝平太氏

それから第二期のエポックが空海と密教芸術で、これもやはり甚大な影響を日本人の心に及ぼしている。これも政治経済から宗教、芸術、文化分野にわたって広範囲にわたる。天皇制の正統性をどう保証するかという点についてはもちろん、大嘗祭の問題、あるいは天武、持統以降の天皇家の権威というものを理論化する上でも空海密教のもつ力は大きかった。

第三期が南蛮宗教文化革命だと思います。十六世紀から十七世紀にかけて南蛮文明が日本に入って、キリスト教をもたらし、それから当時の最先端のヨーロッパの思想、技術をもたらしたわけです。

この三期にわたる芸術文化革命というものが、日本人にある種の国際的な感覚をつくりだす重要な酵母の役割をはたした。と同時に、外部から入ってくるものにたいする一種の崇拝の感情を生みだす。日本列島人の受信機能というものがますます洗練の度を加えていった。

ヤスパースの「軸の思想」
――十三世紀の意義と比叡山――

山折　もう一つ、十五世紀の異議申し立ての運動から誕生した美意識、その独自の思想とか、感覚というものはいったいどのような背景から生まれたのか、ということです。親鸞、道元をはじめとする思想的巨人を生んだ十三世紀ではないか。いままでは漠然と宗教改革の時代、鎌倉仏教の時代とかいわれているけれども、それを世界史の中で再定義するとどういうことになるか。そう考えると、ヤスパースの「軸の思想」ということが思い浮かぶ。あれはもしかするとその後に発展するヨーロッパ文明というものを批判的に考察するときの、それこそ軸になる考え方かもしれない。

法然、親鸞、道元、日蓮と挙げていくと、わが国の歴史上で、これに匹敵する思想家がいるかというと、いませんよ。その彼らを生み出した場所はどこかと考えてみると、それが比叡山だったんですね。比叡山のもっている意味はものすごく大きいと思います。

そのことを考える入口のテーマとして「論・湿・寒・貧」ということを考えてみたんですが、比叡山でこれらの四つの修行・研究課題の中でなぜその「湿」を第二番目に位置づけていたのか。「寒・貧」というのは、世界中の宗教的な拠点においてはみんなどこでもいっているわけです。しかし、なぜ「湿度」が問題になるかというと、これはもう東北モンスーンという風土の問題抜きには考えられない。

ヤスパースのいっている「軸の思想」を担った思想家たちは、乾燥地帯に誕生している。そしてその主要な特徴の一つに大河文明のそば近くで活動していた。大文明と乾燥地帯に発生した総合的な思想が、その後の二千年の人類を方向づけたということになるでしょう。ところが、日本列島の風土というのは中国文明の傘の下に入った辺境文明、それから湿度です。中央と辺境の問題がここで出てくる。

川勝 いやいや、すごい文明史観ですね。富士山を仰ぎ見ているみたいで……(笑)。われわれはヨーロッパの「科学技術革命」に馴れています。文化芸術革命という切り口はユニークですね。

(本文より/構成・編集部)

(やまおり・てつお/宗教学者)
(かわかつ・へいた/静岡県知事)

アナール歴史学の権威が、「寝室」の変遷を通して描く歴史物語。

寝室の歴史への招待

——『寝室の歴史』日本語版序文より——

ミシェル・ペロー

▲M・ペロー（1928- ）

西洋の寝室、日本の寝室

本書を手にされる日本の読者は、西洋の部屋や寝室が歴史の流れの中でたどった複雑な変遷を深く知ることで、当惑を覚えられるにちがいない。壁に囲まれ、窓はわずかに開く程度で、用途ごとに多様な部屋があり、寝室は閉ざされている。親密で秘密の場所、他人を拒む場所に通じる廊下のある家々に、読者は入り込むことになる。

こうした西洋の家屋は、伝統的な日本の家屋と正反対である。日本の家は一体となった庭に面し、庭と同じ平面にある。自然が家をすっぽり覆い、家の中に入り込んでいるのだ。

平屋で、何枚かの畳を並べ、廊下はなく、おそらくどの家にも共通する基本的な設備が備え付けられている台所を除いて、特定の〔目的をもった〕部屋や、部屋どうしを隔てる壁はない。滑って動く襖（ふすま）や障子（しょうじ）が、場所を分けるのではなく、そこで行われるさまざまな用途を分けている。家具や道具はほとんどなく、無駄な過剰はない。

日本の家屋では、ぜいたくとは、清潔さや光に、木や紙や、あたたかい色みでかぐわしい香りを放つ竹の素材に重きを置くことである。さらに、壁に掛けられている絵画や版画の美しさに。

すべてが簡素な印象で、瞑想に近い境地に誘（いざな）われる。

戸口で履き物を脱ぐ。風呂で身を清める。服を着替え、外での心配事や騒音を家の中に持ち込まない。家族という共同体として一つであるために、家に暮らす人は控え目で、上品で、目立たない姿勢で、土のとても近くで暮らしている。それが少なくとも日本の家屋の理想的な典型であり、代々受け継がれ、その純粋さと美しさは多くの西洋人の心をとらえる。日本の家に戸外との隔てがあまりないことは、西洋の家が放つ神秘的な隔離と対置される。もちろん、それは理想的な家の場合である。見事な映画『万引き家族』のような、いくつかの日本映画を見れば、願望と現実のはざまに起こりうるギャップが理解できる。

フランスについても事情は同様である。そして《労働者たちの寝室》が、ブルジョワ階級に属する夫婦の、念入りに手入れされた快適な寝室とまったく異なることを、読者は認めるだろう。社会問題が空間に染み込み、異なった場所を形成するのだ。

＊　＊

日本とは別の歴史を語り、私生活や、親密さや、身体や、自分自身に関して日本とは異なる報告を叙述し、違った住み方や、おそらく感じ方を描写することになる本書を、日本の読者が読み始められるときには、その履き物を脱いで、おさめてください。

まず、ここに木造でない石造りの家屋がある。木材も確かに存在している、だが、骨組みや寄せ木張りの床や数多くの家具として。地震のない国々では（イタリアを含まない、中央および西ヨーロッパで）、石材は堅固さへの信頼を示し、永続性へのあこがれを示唆する。家は家族や、起源や、記憶を具現化している。人は家が持続していることを夢みる。移動や移住はその譲渡を困難にした、それでも、今日の家族にあってもしばしば、離れて住む親族が、夏の間、再会する別荘のように、家は持続している。

使用を固定化される「寝室」

リトレの編纂による『フランス語辞典』（一八六〇年代）は私生活を次のように定義している――《私生活は閉ざされているべきである。何人（なんぴと）も、一個人の家の中で何が起きているのか知ろうとするべきではない》。私生活は一軒の家、壁で囲まれた一つの空間と同一視される。扉と鍵で作られたこの囲いは、日本の家屋の入り口と対照を成す。どちらも（西欧のものも、日本のものも）内部と外部を強く区別するが、日本の戸口はより物質的、身体的仕切りであり、ヨーロッパのそれは社会性をより考慮する。ヨーロッパの玄関は人を選別して、受け入れるか拒絶し、その後で、応接室と呼ばれる部屋に招き入れる。未知の人は客間に、親戚や親しい人は食堂に。西洋の家にはしばしば二階がある。階段は公的な部分と私的な部分を振り分ける重要な役割を果たし、私的空間としての部屋は二階にある。二階のない、現代的なアパルトマンでは、通りに面した《昼間の空間》と、睡眠の静寂を守るために、中庭に面した《夜の空間》を区別する。そして、屋内の階段は中二階をしばしば作り出す。

＊　＊

部屋の使用を特定し、固定することは日本の家屋の流動的な使い方と対照をなしている。従って、建物の中での頻繁な行き来が必要となり、廊下や、場合によって開閉する扉を作り出す。社会的関係(主人と使用人)、年齢の関係(親と子どもたち)、男性であるか女性であるかにより、屋内の空間が碁盤割りにされ、性的不平等が強調される。《夫なり父親である男性は書斎や書庫、喫煙室、玉突き室を所有している一方、女主人〔フランス語の表現で maîtresse de maison〕とはいえ、妻には自分だけの部屋がほとんどない。妻は、留守の夫がほとんど占有することのない夫婦の部屋に逃避する。妻たちは自分のためにそこに小さなテーブルを用意し、家計の収支計算をし、手紙や私的な日記を書き、整理だんすの引き出しにしまっておく。ヴァージニア・ウルフが、作家になるための必要条件として、《自分だけの部屋》を要求したことは、この観点から容易に理解できる。

(後略／構成・編集部)

(持田明子訳)

(Michelle Perrot ／パリ第七大学名誉教授)

第一次世界大戦前夜……時代を予見するミュージカル！

『後藤新平の「劇曲 平和」』を読む

加藤陽子

『劇曲　平和』のクライマックス

カタルシスとともに歌われる歌詞の最後の部分はこう書かれていた。「**敷島の大和に遠き神世より、伝ふる三つの神宝。一つには平和の瓊**（まがたま）。**二つには文明の鏡。三つには自由の剣**」とである、と。ここに後藤の原案が活かされていると仮定すれば、**日本固有とされる**「三種の神器」を、**それぞれ平和・文明・自由の表象**として西欧世界にも通ずるような普遍的理念として説明している点に智恵がある。三種の神器を再定義したといえる。

外国人にとって不可解に見える日本固有とされる事象を普遍的な言葉で説明する、これは後藤が終生にわたって追求し続けた問題に通ずるものだ。

『平和』は、平木白星単独の作品、例えば『耶蘇の恋』や『劇詩　釈迦』などに比べた時、展開に躍動感があり登場人物のキャラクターも明解な点で際立つ。特に、三千年寝ていた七番目の王子が少女の姿となって天から舞い降り、黄禍論の間違いを正して英国を支えながら真の平和の真髄を教える主体となってゆく、その展開が見る者読む者にカタルシスを与える。現代で喩えるならば、映画監督宮崎駿が多用する主人公の少女像に重なるものがある。**黄禍論の実態を日本人に教えること**に後藤の一つ目の目論見があったとすれば、第二の目論見は、世界の人々の共感を呼びながら美しい日本と日本人のイメージを広めることにあったと思われる。**東西文化を融合させる真の平和の立役者である、純真で新生な日本と日本人とのイメージ**であった。

『劇曲　平和』の函絵
後藤新平 案
平木白星 稿（1912）

後藤新平の対外観

日露戦後の世界、すなわち、英独対立と清朝倒壊という不安定要因を抱えた東アジアにどう関わるか、これが後藤の問いであった。それを窺えるのは、全て一九〇七(明治四〇)年に書かれ講演された三編の論策だ。❶**「対清政策上に於ける日露日仏協商の価値」**、❷**同年四月の講演「文装的武備」論**、❸**同年九月の伊藤博文との対話「厳島夜話」**である。

当時、満鉄総裁だった後藤は❶で、日露戦争を戦ったときの日本は、「百万の遠征軍と二〇億の戦費とは、結局他人の国土を盗み、他人の経営を奪おう」としたためだったのか、と問い、日本外交の要諦を考察する。日露戦争、三国干渉、黄禍論の原因を作為したのはドイツであり、そのドイツの対中策に極東で対抗するためには、「日英露仏の連合とこれに対する米国の好感」を維持するのが大切と説いていた。

1910年頃の後藤新平

❷の演説は、小石川後楽園に万国基督教学生同盟大会参加者四百余名を招いてなされた講演であり、満鉄総裁としての後藤が交通機関を発展させた満洲の地を、東西両洋文明の結節点として成長させるべきだとの抱負を述べたものであった。

❸では、米国と清国との同盟はじきに日本の脅威となるから、中国の将来の安全のため日本は独英仏露といった欧州の旧大陸諸国としっかり協力しておくべきだと論じた。そうしておけば、太平洋の両岸にある日本と米国の地位が初めて安定するものとなり「世界の恒久平和」が維持されるとの展望であった。(構成・編集部)

(かとう・ようこ/東京大学教授)

リレー連載 近代日本を作った100人 77

中江兆民——東洋のルソーの知られざる闘い

鶴ヶ谷真一

「日本に哲学なし」

日本に哲学なしと断言した中江兆民は国の将来を思う熱情の持主でもあった。この二十五歳の理想主義者は、時の大蔵卿大久保利通に直訴して海外留学を訴えた。大蔵卿は莞爾としてそれに応じ、兆民は明治四年、岩倉大使一行と横浜を出帆し、米国を経てフランス留学に赴いた。

司法省の留学生であった兆民は法律よりも哲学・歴史・文学の研究に没頭したようだ。明治政府の財政緊縮のため留学は二年余りで打ちきられ、帰国を余儀なくされた。それを惜しんだフランス人教師は、今しばらく勉強を続ければフランスで新聞記者として十分やっていける、学費はわたしが出そうといって帰国を押しとどめた。しかし故郷で待つ老母のことを思って、兆民は帰国を決めたという。

兆民はフランスで自由民権思想を知り、後に明治政府の要人となる西園寺公望と井上毅の知遇を得た。帰国した兆民は新生の明治日本に自由民権思想を根づかせようと、東奔西走の活躍を始めた。

「文章は経国の大業にして不朽の盛事」

帰国早々、兆民はルソーの『社会契約論』の翻訳にとりかかった。訳文に漢文を用いたのは当時として適切な選択だったといえよう。流麗繊細をきわめた和文で概念や論理を語ることは難しく、儒教や仏教の表現媒体である漢文を選ばざるをえなかった。三千年にわたって磨きぬかれてきた漢文をもってすれば、いかなる翻訳も可能だとの信念と自負を彼は抱いていたのだ。

数年を要した苦心の訳業は『民約訳解』として刊行され、自由民権思想の啓蒙に大きな役割をはたした。後年、その漢文訳は中国でも何度か刊行をみたという。

兆民の文章表現の緻密さと周到を示す逸話がある。明治十四年、「東洋自由新聞」創刊のおり、社長の西園寺公望が天皇の内勅によって辞職を余儀なくされたとき、同僚の松沢憲は内情を暴露する檄文を配布して検挙された。主筆の兆民は西園寺の退社を伝えながらそれとなく「嗚呼天自由を我に与えて又天之を奪う」と記し、二字目の天に傍点を付して、退社が天皇の意向であることを匂わせた。こうした高等戦術に、検閲の当事者はこれではどうにもならぬと唇をかんだに違いない。

自由民権の理論家にとって、検閲を免れることは切実な問題であった。代表作『三酔人経綸問答』は、東洋の小国であった日本の進路をめぐって、三人の酔っぱらいがそれぞれに熱弁をふるうという、当局が神経をとがらせるような作品だった。兆民はこのとき絶妙ともいえる秘策を用いた。旧知の井上毅を訪問し、その稿本をみせた。一読した井上は、面白い趣向だが素人にはわかるまい。とても『佳人の奇遇』ほどは売れまいと言った。『佳人の奇遇』は、当時一世を風靡した政治小説であり、兆民の代表作は売れ行きにおいて遠く及ばなかった。しかし兆民の意図はこのとき十分に達せられた。法制局長官井上邸訪問の目的は、一種の事前検閲を求めるところにあった（前田愛の説）。明治政府きっての明敏な頭脳と称された井上毅が、作品にこめられた苦い毒を見抜けなかったはずはない。だが屈折と韜晦を重ねる兆民のしたたかなレトリックには苦笑するほかなかったであろう。

人知れずフランス古典劇の形式に則ったと思われるこの思想劇を読み返すと、検閲を半ば楽しむかのように、目配せにも似た仕掛けが随所にしのばせてあるのに気づかされる。まるで贅沢禁止令にあった江戸の粋人が、羽織の裏地に贅を尽くしたようだと言ったなら、兆民先生は破顔一笑しただろうか。

奇しくも来年は没後百二十年、中江兆民なかりせば、明治はどれほどさびしい時代になっていたであろう。

（つるがや・しんいち／エッセイスト）

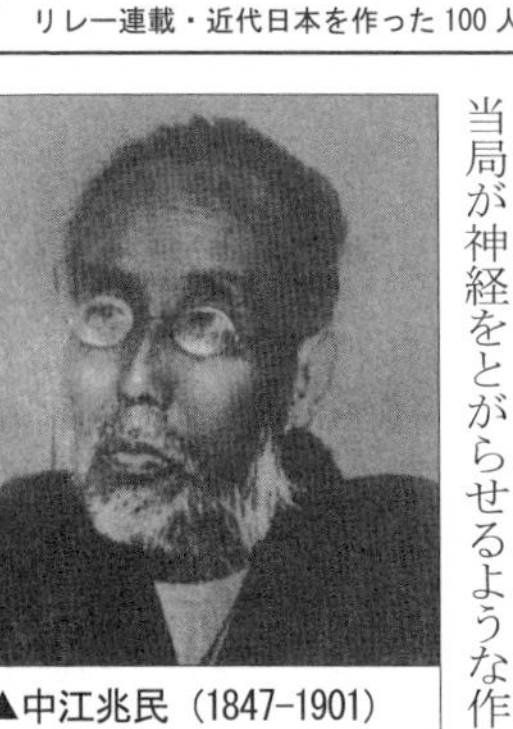

▲中江兆民（1847-1901）
政治思想家、翻訳家、哲学者、ジャーナリスト、自由民権運動家。土佐（現・高知県）出身。本名は篤助（また得介）。1871年、岩倉使節団に同行して渡仏。'74年帰国後、東京に仏学塾を開き、新時代の学問・思想の教授に努めた。西園寺公望の「東洋自由新聞」の主筆となり、自由党創設に参画。著作のかたわら、ジャーナリストとして自由民権思想の啓蒙と明治専制政府への攻撃に舌鋒をふるった。ルソーの『社会契約論』を翻訳・読み解いた『民約訳解』は大きな思想的影響を与えた。門下に幸徳秋水がいる。癌のため余命一年半を宣告されて執筆した最晩年の自伝『一年有半』は当時二十万部を超えるベストセラーになった。

連載　歴史から中国を観る　8

一国二制度

宮脇淳子

二〇二〇年七月一日、「香港返還」から二三年目の記念日に「香港国家安全維持法」が施行され、その日のうちに、「香港独立」の旗を所持していた若者など三〇〇人以上が逮捕された。

日本語では「香港返還」と言うが、英語では「主権移譲 transfer of sovereignty」と言う。清朝からイギリスに割譲した土地を、違う国である中華人民共和国に移管したからである。

一九九七年、香港が中国に「返還」されたとき、最高実力者の鄧小平は、社会主義政策を将来五〇年にわたって香港で実施しない「一国二制度」を約束した。「二制度」とは、「社会主義」と「資本主義」のことで、同じく鄧小平が提唱した「社会主義市場経済」と同じく、そもそも言語矛盾である。

一九八四年に中国がイギリスとの間で調印した、五〇年は香港に高度な自治を認めるという「共同声明」を、両国は国連にも登録した。今回の習近平の措置は約束違反であると、アメリカを初めとする西側世界は猛烈に抗議している。

しかし、歴史上、中国が約束を守ったことなどあっただろうか。

一九一一年十月、清の南部で辛亥革命が起きた翌一二年二月、生涯皇帝の称号を有して紫禁城で暮らしてもよい、という優待条件を袁世凱が示したので、清朝は中華民国に禅譲した。しかし、一九二四年、最後の皇帝溥儀は、軍閥の一人馮玉祥によって紫禁城から追い出される。

一九一五年、日本は南満洲鉄道と関東州の租借期限の九九年延長を、袁世凱に認めさせた。ところが張学良は、袁世凱が結んだ「二十一カ条要求」は無効であるとして、国権回復運動を起こす。これが満洲事変の原因となった。

これらは、他人の結んだ約束など、私には関係がない、という表明である。

鄧小平の「韜光養晦（とうこうようかい）」（才覚を覆い隠して、時期を待つ）戦術は、中国が力をつけるまでの時間稼ぎにすぎなかった。力がついたいま、何をしようと勝手だ、というのが中国人のふつうの考えなのである。

（みやわき・じゅんこ／東洋史学者）

■〈連載〉沖縄からの声［第IX期］3（最終回）

琉球語の復権を目指して

波照間永吉

奄美・沖縄・宮古・八重山・与那国の島々で話されてきた言葉を琉球語（琉球諸語）と呼ぶ。これまでは琉球方言と称されてきた。「方言」という呼称には、ある国の一部の地方の言葉、というひびきがある。琉球語とその文化の価値の矮小化にもつながりかねない。琉球語研究の嚆矢とされるバジルホール・チェンバレンは「琉球語」と呼んだ。伊波普猷も「琉球語」を使用した。これが「方言」となったのは何時からか。そこには、近代日本の中における琉球・沖縄文化の位置づけの問題が伏在しているに違いない。

二〇〇九年、ユネスコは琉球語を「消滅の危機に瀕した言語」とした。たしかに琉球語の現状をみれば、この先十年、二十年もすれば琉球語を十分に使いこなせる人はいなくなるにちがいない。そのような状況をみれば、「消滅の危機」が目の前に来ていることは明らかだ。これをどうにかして次の世代に受け渡したい。

故翁長雄志前県知事は日本政府に対して「**ウチナーンチュ　ウシェーテー　ナイビランドー**」（沖縄人をみくびってはいけませんよ）と言った。この言葉は多くの県民を勇気づける言葉として、翁長氏亡き後も繰り返し使われている。日本語による表現よりも、この琉球語による表現が我々の胸を打ったのだ。このように、〝母なる言葉（マザーラングエッジ）〟の力は大きい。正に琴線にふれる言葉がシマクトゥバ（故郷の言葉）なのだ。これを失うことは、心のありよう、精神の最も奥深いところにある感情の表現を、よそ行きの言葉でなさなければならないことになる。辛いことだ。

ハワイではハワイ語の復権を着々と果たしている。ハワイ・沖縄、ともに被抑圧の歴史を歩み、そして自らの言語を失いかけた。琉球語の復権でハワイから学ぶことは多い。筆者も沖縄県しまくとぅば普及センターで琉球語の復活に携わっているが、前途は厳しい。**チムヂュラサン**（肝美しい）、**チムガナサン**（肝愛しい）、**チムグリシャン**（肝苦しい）など、**チム**（肝）**を含んだ言葉は「心」のそれよりも多い。〝沖縄はチムの文化〟**だと言われる。そのチムの文化も琉球語が支えている。どうにかして復活させなければならない。

（はてるま・えいきち／名桜大学大学院教授）

連載　今、日本は　16

凱旋門伝説

鎌田　慧

取材者として、悔いをのこすことがある。たいがい、確認しておけばよかった、との後悔である。いま残念に思っているのは、青森県百石町の「凱旋門」だ。

パリの凱旋門のちいさなイミテーションだった、と伝えられている。そこには、フランス人がなん所帯か住んでいて、それでつくられたらしい、との伝説の一種だが、ごく最近の話なのだ。

この辺りで有名なのは、「キリストの墓」だ。これは八戸から十和田湖にむかう途中、新郷村戸来地区、ヘブライが訛った地名との説もあるが、国道四五四号線沿い「キリストの里」公園のなかに、十字架がある。もちろん、エルサレムの「嘆きの壁」ちかく、「聖墳墓教会」のように荘厳なものではない。

さて、「凱旋門」は百石町に門としてあったのではない、それは三沢市にあったアパートの名前だ、という実証的な意見もある。それはとにかく、このあたりには、二桁以上のフランス人たちが、一時期、集団で住んでいたのは事実なのだ。

実際に稼動できるかどうか。日本の原発行政の命運を決する、「使用済み核燃料再処理工場」の技術は、フランスのアレバ社（経営悪化のあとオラノ社に改名）が担当した。しかし、着工から二七年たってもいまだ完成していない。この工場は核燃料サイクルの中心を占める重要な工場である。各地の原発で燃やされた燃料棒が、ここでウランとプルトニウムに分離されて再利用されるはずだった。

二回ほど見学したことがあるが、大きなガラス窓ごしに中央制御室を見下ろすと、フランス人たちが立ち働いているのが見えた。が、ここが「未完の工場」のままなのは、アレバの責任とはいえないようだ。もっとも重要な「ガラス固化」の最終工程は、旧動燃が担当したのだが、技術的に無理だったのだ。

建屋内部に高濃度の放射性廃液が漏れて十九年間、手つかずのまま。フランスの技術者たちは、母国へ帰った。「凱旋」ではなかった。

（かまた・さとし／ルポライター）

■連載・花満径　53

高橋虫麻呂の橋（一〇）

中西　進

　宇治川での合戦は『平家物語』に二度登場する。源平の合戦もつづいて木曾義仲の上洛、その後の鎌倉の頼朝との不和へと展開していく中で、まず東国の軍兵が西国へと発向したことを聞いた義仲は宇治と瀬田へと防禦の軍兵を発進させた。瀬田（勢田）が壬申の乱以来、宇治が治承以来の「橋合戦」の様相を帯びてくる。

　義仲の追討は、早くから鎌倉方にも予想されていて、とくに鎌倉では「定めて宇治、勢田の橋をばひいて候らん」と予測している（巻九、生きずきの沙汰）。いきおい、橋合戦も、渡河合戦と予測されるまでになっていたことがわかる。

　しかもおもしろいことに、橋は橋上の演劇の多少を、下の水面に委譲しているかに見える。

　『平家物語』（巻九、宇治川先陣）では、治承の合戦に足利忠綱が「鬼神でわたしけるか」という。忠綱の渡河はたしかにみごとだが、それを鬼神と称するのは、あの弁慶の癋見（べしみ）とひとしいものではないか。

　そしてまた、今回の先陣争い劇にもちゃんと見物人がいて、畠山に抛り上げてもらった大串次郎が先陣だというと軍兵が「どっとぞ笑ひける」とある。

　そして抛り上げた理由は、畠山にしがみついて来た大串が烏帽子子（えぼしご）だったから助けたのだというしがらみも用意している点、ドラマも仕込んでいる。

　また先陣争いをする佐々木四郎が、梶原源太に馬の腹帯をしめさせている間に前に出て、先陣を名乗るというトリックも使う。

　あの治承の宇治橋の下とは、同じ下でも、なにか、どこか世故に長（た）けているし、俗にいうせこい感じがして、渡河の勇壮さがない。

　川という危険な代物を征服した橋は、かつて安んじて幻想や神妙なドラマの舞台になったのに引きかえ、今や橋の下に卑俗な世情を溜めてしまったのだろうか。

　そういえば畠山は敵の首をねぢ切って、馬の鞍のとっつけにつけさせたとある。その血を軍神に供えるためだ。戦争の醜悪さも丸出しで、隠そうとはしない。

（なかにし・すすむ／国際日本文化研究センター名誉教授）

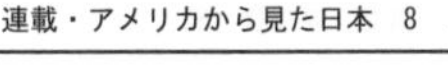

■連載・アメリカから見た日本

民主主義の危機を招く大統領　8

米谷ふみ子

コロナ・ウイルスの流行で騒然としている時、ミネアポリスで白人警官が、**逮捕した黒人男性の首に右膝を八分以上も押し付けて**残酷な殺し方をしているのをビデオで撮ったのが全国で放映された。前科があっても、現行犯でも、警官が殺すべきではない。裁判にかけるべきである。

警察の偏見行為を見て唖然とし、コロナでいらいらと蟄居していた多くの人々が、有り余ったエネルギーでアメリカ中の道に繰り出した。この近所の高校生たちも二〇〇人くらい、近くの崖までデモをした。私も孫と共に参加した。デモに参加した老若男女の本音の本音は、人種偏見のある憲法無視のトランプ大統領の言行に愛想をつかしていたからだ。アメリカの指導者として健全な判断力があるのか、と皆疑問に思っているということが露見したと思う。

南部キリスト教原理主義者からの票集めの目的だと私は推測しているが、コロナたけなわの時に、トランプは全国の教会を開けろとか、ホワイトハウスの近くの教会の前で聖書を片手に持って写真を撮るから、近くでデモをしていた人々を追い払え、と軍隊に催涙弾とゴムの弾を使わせた。カナダの首相が「自国の民に軍隊を使うなんて、呆れてものが言えない」と言った。

ゴムの弾も安全ではない。ＬＡで警察が使って、デモ指導の黒人の睾丸に当たり、医者に子供ができないと言われた、と新聞に出ていた。

私はここに六〇年ほど住んでいるが、老いも若きもプラカードに「Black Lives Matter（黒人の命は大切）」と書いたのを担いで、あらゆる人種の人々がこのように和気藹々（わきあいあい）とデモをしているのを見たことがない。人々は真剣に、アメリカの民主主義を守ろうとしているのだ。

コリン・パウエル、ジェイムズ・マティスや他のもと元帥たちが「トランプは国を分けようとしている。憲法無視で民主主義に危機」と声を上げだした。

核を初め世界一の量の兵器がある国に、科学的知識や判断力のない利己主義の大統領では、世界が亡びるのではと心配だ。

（こめたに・ふみこ／作家、カリフォルニア在住）

Le Monde

■連載・『ル・モンド』から世界を読む〔第Ⅱ期〕48

『芽むしり仔撃ち』

加藤晴久

五月二四／二五日付『ル・モンド』に「文学はカタストロフィを和らげようとする言説の逆を突く」というタイトルの寄稿文が載っていた。筆者は作家のミカエル・フェリエ（一九六七年生まれ）。一九九二年以来東京在住。中央大学フランス文学科教授である。

『芽むしり仔撃ち』は大江健三郎初の長編小説で一九五八年刊。仏訳は一九九六年刊（ノーベル賞受賞後）。

フェリエ氏は、この作品が今日のコロナ禍の世界の現実を鋭く照射し、それへの対処の虚妄を暴いているとして、内容を紹介しつつ解読しているのである。

第二次大戦末期、感化院の非行少年の一団が、深い森に囲まれた谷間の僻村に集団疎開させられる。疫病に感染して死んだ動物の死骸を埋めるという「奇妙な仕事」をさせられた後、少年たちは、疫病を逃れて離村する村民に遺棄され、村に閉じ込められる。しかし彼らは、母親が感染死した少女、父親がやはり感染死した朝鮮人少年、そして朝鮮人集落に匿われていた脱走兵とともに、自由と連帯の共同体を建設する。しかしそのユートピアは帰村した村人たちによってあえなくも無残に解体させられてしまう。行政権力を体現する村長が怒鳴る。俺たちは、お前たちのような「悪い芽は始めにむしりとってしまう」。最後まで降伏しない語り手の「僕」は、社会の暴力装置を体現する鍛冶屋の猟銃に狙われ森の中に逃げ込むが……

大江は「疫病に対する反応は（国民性などという虚構でなく）社会のさまざまな仕組みと人々の考え方とをどのようにコントロールするかに深く関わっていることを示した」

「本物の文学は、カタストロフィを和らげようとする、あるいは艶やかに描き出そうとする、叙情的あるいは鎮静剤的な言説の逆を突く。こうした言説はまた、カタストロフィのもたらす様々な結果と変化と課題を考えることを妨げるのである」

身近なところにあるすぐれた作品の存在を外国の作家が教えてくれている。

（かとう・はるひさ／東京大学名誉教授）

七月新刊

銀幕の天才、最後の文人の集大成

内容見本呈

全著作〈森繁久彌コレクション〉全5巻

[5] 海――ロマン 完結

〈解説〉片山杜秀

森繁久彌

船を愛した森繁さんの「海」に関するエッセイを集大成。また自ら作詞・作曲もした森繁さんの詩（俳句、詩碑等も）を集大成。〈特別附録〉森繁久彌の書画「森繁らくがき帖」／全仕事一覧 口絵カラー4頁&モノクロ4頁

月報＝司葉子／安奈淳／岩代太郎／黒鉄ヒロシ／上條恒彦／富岡幸一郎／森繁建

四六上製 四八八頁 二八〇〇円

赤ちゃんは生まれつき言語能力があるか？

赤ちゃんは知っている〈新版〉

認知科学のフロンティア

J・メレール＋E・デュプー

加藤晴久・増茂和男訳

認知科学の世界的権威が、実験に基づき、赤ちゃんが生まれつき持っている能力を明快に説く。「赤ちゃん学」読本としても好評の名著、待望の新版刊行！ 新版序＝加藤晴久

四六上製 三六八頁 三三〇〇円

「好奇心」は日本社会をどう動かしてきたか

好奇心と日本人

多重構造社会の理論

鶴見和子 特別寄稿＝芳賀徹

古代から現代に至るまで、日本人が外来の文化を貪欲に取り入れる駆動力となってきた「好奇心」。その「好奇心」を手がかりに、日本の自前の「社会変動」のパターンと、その根底にある「多重構造社会」の形成を読み解いた、社会学者としての面目躍如の書、待望の復刊！

四六変上製 二七二頁 二四〇〇円

重版情報

「雪風」に乗った少年【十五歳で出征した「海軍特別年少兵」】（3刷）
西崎信夫 小川万海子編
二七〇〇円

最後の湯田マタギ（2刷）
黒田勝雄写真集 ［推薦］瀬戸内寂聴
二八〇〇円

赤ちゃんはコトバをどのように習得するか【誕生から2歳まで】（2刷）
B・ド・ボワソン＝バルディ
加藤晴久・増茂和男訳
三二〇〇円

岡田英弘著作集（全8巻）
[6] 東アジア史の実像（2刷）
五五〇〇円

身体の歴史（全3巻）
A・コルバン／J-J・クルティーヌ／G・ヴィガレロ監修
[2] 19世紀 フランス革命から第一次世界大戦まで（2刷）
A・コルバン編 小倉孝誠監訳
六八〇〇円

〈決定版〉正伝 後藤新平（全8分冊／別巻1）
鶴見祐輔著 一海知義校訂
[4] 満鉄時代 一九〇六～〇八年（2刷）
六二〇〇円

読者の声

全著作〈森繁久彌コレクション〉❸ 情――世相■

▼第三巻目、入手しました。
森繁さんが、他の芸能人喜劇役者にない秀逸な人材であることがわかり、感動してます。続刊が楽しみ。

（群馬　**宮澤正樹**　83歳）

日本を襲った スペイン・インフルエンザ■

▼一気に読みました。なぜなら私の祖父がかぞえの四十二歳で罹患し、たった七日で死亡したからです。長男であった私の父は数えの十五歳。一家の大黒柱を失って、下に妹弟五人、一家離散を迫られ、中学を中退して、奉公に出て、家計を助け、家族を守った。私は子どもの頃からこの話を父親から聞いていました。実家は神楽坂―牛込で、本に「牛込四六人死亡」の一人が祖父で、近くに島村抱月の劇団もありました。靖国神社には土俵があり、それを見に行き感染したのか？など想像しました。しかし、一〇〇年経っても、今の新型コロナウイルス問題は、「何も変ってない！」「何も学んでない」からだと思いました。
速水融氏の貴重な記録と感謝し、インフルエンザ問題から人間の生き方を考えるきっかけになっています。

（東京　心理士　**髙玉泰子**　70代）

▼〔NHK〕BS1スペシャル「ウイルスvs人類3　スペイン風邪 百年前の教訓」に紹介されていたので、早速購入し、読みました。膨大な資料の収集力、緻密な構成に感服しています。巻末の資料、軍艦「矢矧（やはぎ）」の死者四八名中、士官二名、兵卒四六名で、圧倒的に兵卒が多いことも知りました。閉鎖空間での防疫の困難が実証されています。久し振りに良書に接しました。
（山形　循環器内科医師
（三友堂病院勤務）**阿部秀樹**　66歳）

▼本書は一人でも多くの人々に読まれるべきです。
（東京　**山本悠三**　72歳）

石牟礼道子さんへ■

▼石牟礼道子さんの文章に初めて接したとき、私の感想は〝嗚呼！〟のみでした。
御社の『苦海浄土全三部』も『完本 春の城』も『花を奉る――石牟礼道子の時空』も、一ヶ月九万円弱の年金生活者である私には難しい選択でしたが、思い切ってよかったと今は思っています。新刊案内、図書目録にチェックしましたが、売上げに協力はおそらく無理かと。ありがとう。

（広島　囲碁講師　**坂本丈治**　68歳）

※みなさまのご感想・お便りをお待ちしています。お気軽に小社「読者の声」係まで、お送り下さい。掲載の方には粗品を進呈いたします。

書評日誌（五・二～六・六）

㊮書評　㊯紹介　㊬関連記事
㋑インタビュー　㋢テレビ　㋶ラジオ

五・二～　㊮共同配信「大地よ！」（「『内なるアイヌ』に耳澄ます」／河津聖恵）

五・五　㊬UP「日本を襲ったスペイン・インフルエンザ」（「歴史人口学者・速水融に学ぶ――スペイン・インフルエンザの教訓と『統計学の日本史』」／宮川公男）

五・六　㊬日本経済新聞「日本を襲ったスペイン・インフルエンザ」（「続・忘れられたパンデミック　一〇〇年前の問いかけ　下」／「災いから何を得るか」／「世界が助け合

う契機に」／井上亮）

五・九　(記)朝日新聞「日本を襲ったスペイン・インフルエンザ」（「ひもとく」／「パンデミック史に学ぶ」／「指導力・冷静な批判・情報収集」／西村秀一）

五・一〇　(書)熊本日日新聞「生き続ける水俣病」（「総覧的に被害を可視化」／高倉史朗）
(紹)河北新報「いのちを刻む」（「河北春秋」）

五・一五　(記)愛媛新聞「強毒性新型インフルエンザの脅威」（「地軸」）

五・一六　(書)毎日新聞「感情の歴史I」（「憎悪をあおる国際政治のなかで考える」／三浦雅士）
(書)沖縄タイムス「近代家族の誕生」（「都市下層の生き抜く戦略」／成田龍一）

五・一七　(書)北海道新聞「いのちを刻む」（「生きる苦悩　鉛筆画に託し」／佐藤幸宏）
(紹)日本農業新聞「ベルク「風土学」とは何か」

五・二〇　(紹)議会図書室だより「国難来」
(記)中国新聞「日本を襲ったスペイン・インフルエンザ」（「こちら編集局です　あなたの声から」／「密な艦内『至ル所患者』」／「呉に旧海軍の『スペイン風邪』殉職碑」／道面雅量）

五・二三　(イ)朝日新聞「日本を襲ったスペイン・インフルエンザ」（「新型コロナ」／「物的豊かさの追求　見直しを」／鬼頭宏／北野隆一）

五・二四　(記)北海道新聞「日本を襲ったスペイン・インフルエンザ」（「読書ナビ」／「『日本を襲ったスペイン・インフルエンザ』に注目」／「ウイルスからの『減災』歴史に学べ」／「出版事業30年　藤原書店　モットーは『常識を疑う』」／大沢祥子）

五・二五　(記)京都新聞「日本を襲ったスペイン・インフルエンザ」（「インサイド」／「100年前の街　対策不十分」／「スペイン風邪　少女の日記」／「家族で観劇や修学旅行　自らも感染？　不安つづる」／樺山聡）

五・二八　(記)朝日新聞「大地よ！」（「折々のことば」／鷲田清一）

五・二九　(記)西日本新聞「生き続ける水俣病」（「水俣病の実態提示」／「30年超後の症状変化も調査」／『認定判断　暮らしも見て』」／村田直隆）

五・三〇　(書)西日本新聞「大地よ！」（「担当記者の激オシ本」／「アイヌの女性の彷徨の記録」／北里晋）
(記)毎日新聞「地中海」（「今週の本棚」／「自然環境と文明」／池澤夏樹×中村桂子×山本貴光）

五月号　(記)文藝春秋「日本を襲ったスペイン・インフルエンザ」（「総力特集　日本の英知で『疫病』に打ち克つ」／『感染症の日本史』――答えは歴史の中にある」／磯田道史）
(記)六月の風［社主・藤原良雄］（「冬日海上大往生微笑佛――杏子」／黒田杏子）

六・一　(紹)日本経済新聞「『雪風』に乗った少年」（「読むヒント」／「いま一度、戦争振り返る」／「戦後75周年節目　新たな視野開く」／山田剛）
(書)世界「消えゆくアラル海」（「環境破壊の現場に寄り添った研究者の軌跡」／地田徹朗）
(書)健康と良い友だち「日本の「原風景」を読む」（「高齢納言のさえずり草子26」／「ポストコロナ時代の新しい生き方の核は、日本の風土だ」／脇山真木）

六・六　(書)山梨日日新聞「雑誌　兜太　vol.4」（「伝統と前衛　2氏を語る」／田辺彩子）

2020年度「後藤新平の会」シンポジウム

後藤新平の「生を衛る道」を考える Part 3

［首都東京と後藤新平］

二〇二〇年 七月十二日(日)　於・アルカディア市ケ谷(私学会館)

新型コロナウイルス感染症流行に全世界が揺れる中、注目されるのが、一八九五年、コレラ流行下の大陸からの兵士帰国にあたり僅か二ヶ月で検疫所を完成、水際で止めた後藤新平だ。今年の会は、定員を抑えての開催だが満席、熱気は変わらず。まず藤原良雄（当会事務局長）が挨拶。

基調講演「首都東京と後藤新平」は**青山佾氏**（元東京都副知事）、「後藤の先駆的な時代観による〝大風呂敷〟が、現代に実現している」。

続いて問題提起。**片山善博氏**（元総務大臣）「後藤新平を通して新型コロナへの対応を診る」、**加藤陽子氏**（東京大学教授）「帝都東京の自治と国家経営をつなぐもの」、**中林啓修氏**（国士舘大学防災・救急救助総合研究所准教授）「三レベルモデルから考える都市の危機管理」。討論のコーディネーターは**橋本五郎氏**（読売新聞特別編集委員）。

最後に春山明哲氏より後藤新平と〝衛生〟についてコメント。（編集部）

宇梶静江氏、第14回「後藤新平賞」受賞に

今年の「後藤新平賞」は、詩人・古布絵（こふえ）作家の宇梶静江さん（一九三三年生）。授賞式・祝賀パーティは上記と同日に行われた。

授賞式では**青山佾氏**（選考委員代表）の挨拶。**橋本五郎氏**（選考委員）より選考経過「現代文明への厳しい批判、そしてそれを乗り越えるものがある」。続いて楯・副賞（ステンドグラス作品）贈呈。副賞は**内田純一氏**（建築家）・**岸哲也氏**（ステンドグラス作家）が紹介。

古布絵作品を映写しながらの宇梶静江氏による講演では、「アイヌの皆さんと共に賞を戴き、カムイに感謝します。和人による保護法は滅亡法。川を見て泣かずにいられません」。

同日夜に開かれた祝賀パーティでは、**本田優子氏**（札幌大学教授）がお祝いの言葉、**内田力氏**（㈱コロナ会長）が乾杯の音頭。食事・歓談の後、**ジェフ・ゲーマン氏**（北海道大学）がスピーチ。続いて**古屋和子氏**、**木皿美恵氏**が宇梶氏自伝『大地よ！』朗読。**宇佐照代氏**、娘さんの**宇梶良子氏**らによるアイヌ伝統音楽、友人の**原荘介氏**のギター弾き語りなどが続き、最後に子息の**宇梶剛士氏**（俳優）がサプライズ登場、会場は涙と笑顔に包まれた。（編集部）

九月新刊予定

＊タイトルは仮題

アナール歴史学者が「寝室」から見る歴史

寝室の歴史

夢／欲望と囚われ／死の空間

ミシェル・ペロー

持田明子訳

アナールの重鎮が、心性（マンタリテ）、性関係（セクシュアリテ）、社会的人間関係（ソシアビリテ）などの概念を駆使しつつ、個室、子どもの部屋、女性の部屋、病室、そして死の床……様々な寝室に焦点を当てる。古代ギリシア・ローマにまで遡るヨーロッパ全域の広範な資料（文学作品、絵画作品等）を駆使し、その変容をたどる画期作。

生きものは、変わってゆく存在

中村桂子コレクション いのち愛づる生命誌

全8巻

3 かわる

生命誌からみた人間社会　[第6回配本]

「生きること」を中心にする社会を実現するためには、人間も多くの生きものたちの中の一員であることを自覚する方向に、私たちの意識が根本的に変わる必要がある。悲惨な東日本大震災のあとに、われわれはどう変わるのか。〈解説〉鷲田清一

〈月報〉稲本正／大原謙一郎／鶴岡真弓／土井善晴

社会批判・社会変革に果たす役割とは

社会思想史研究44号

特集・〈社会思想史〉を問い直す

社会思想史学会編

【目次】

上野成利　〈社会思想史〉を問い直すために

〈論文〉

坂本達哉　「啓蒙」思想史としての「社会思想史」

植村邦彦　社会思想史の〈物語〉

柏崎正憲　ジョン・ロックにおける自然法と市民的美徳

関口佐紀　ルソーの政治思想における狂信批判

上村　剛　アメリカ革命と歴史叙述の政治思想

飯村祥之　政治的言説の理論

大畑　凛　人質の思想

〈書評〉林直樹／武井敬亮／有江大介／安藤隆穂／網谷壮介／高田純／大塚雄太／山本圭／庄司武史／犬塚元／米田昇平／徳永恂／宮本雅也／高山裕二

近刊

陸中心史観を覆す歴史観革命、新版！

海から見た歴史

〈増補新版〉

ブローデル『地中海』を読む

川勝平太 編

網野善彦／石井米雄／ウォーラーステイン／川勝平太／鈴木董／二宮宏之／浜下武志／家島彦一／山内昌之

『地中海』を軸に、陸中心史観に基づく従来の世界史を根底的に塗り替え、国家をこえる海洋ネットワークが形成した世界史の真のダイナミズムに迫る熱論、待望の新版刊行。川勝平太氏による『地中海』解説および「近代文明と海」を大幅増補！

8月の新刊

タイトルは仮題、定価は予価。

楕円の日本 ＊
日本国家の構造
山折哲雄・川勝平太
四六上製　五二八頁　三六〇〇円

後藤新平の『劇曲 平和』 ＊
後藤新平案・平木白星稿　特別寄稿＝出久根達郎
解説＝加藤陽子
B6変上製　二〇〇頁　二七〇〇円　カラー口絵4頁

9月以降新刊予定

寝室の歴史 ＊
夢／欲望と囚われ／死の空間
M・ペロー　持田明子訳

中村桂子コレクション いのち愛づる生命誌（全8巻）
3 **かわる**　生命誌からみた人間社会 ＊
〈解説〉鷲田清一
〈月報〉稲本正／大原謙一郎／鶴岡真弓／土井善晴

〈特集〉**〈社会思想史〉を問い直す** ＊
社会思想史研究44号　社会思想史学会編

祈り
上皇后・美智子さまと歌人・五島美代子
濱田美枝子・岩田真治

好評既刊書

全著作〈森繁久彌コレクション〉（全5巻）完結
5 **海――ロマン** ＊
〈解説〉片山杜秀
月報＝司葉子／安奈淳／岩代太郎／黒鉄ヒロシ／上條恒彦／富岡幸一郎／森繁建
四六上製　四八八頁　二八〇〇円　口絵 モノクロ4頁／カラー4頁

赤ちゃんは知っている〈新版〉 ＊
認知科学のフロンティア
J・メレール＋E・デュプー
加藤晴久・増茂和男訳　新版序＝加藤晴久
四六上製　三六八頁　三三〇〇円

好奇心と日本人 ＊
多重構造社会の理論
鶴見和子　特別寄稿＝芳賀徹
四六変上製　二七二頁　二四〇〇円

民衆と情熱（全2巻）
大歴史家が遺した日記 1830-74
I　1830〜1848年
J・ミシュレ
大野一道編　大野一道・翠川博之訳
四六変上製　六〇八頁　六二〇〇円　口絵8頁

虚心に読む
書評の仕事 2011-2020
橋本五郎
四六上製　二八八頁　二二〇〇円

黒田勝雄写真集
最後の湯田マタギ
黒田勝雄　推薦＝瀬戸内寂聴
B5上製　一四四頁　二八〇〇円

内田義彦の学問
山田鋭夫
四六上製　三八四頁　三三〇〇円

金時鐘コレクション（全12巻）
10 **真の連帯への問いかけ**　講演集I
「朝鮮人の人間としての復元」ほか
〈解説〉中村一成
月報＝金正郁／川瀬俊治／丁海玉／吉田有香子／
四六変上製　三九二頁　三六〇〇円　口絵2頁

評伝 関寛斎 1830-1912
極寒の地に一身を捧げた老医
合田一道
四六上製　三二八頁　二八〇〇円

日本の「原風景」を読む
原 剛　写真＝佐藤充男
四六判　三二八頁　二七〇〇円　カラー口絵8頁

＊の商品は今号に紹介記事を掲載しております。併せてご覧戴ければ幸いです。

書店様へ

▼『**全著作〈森繁久彌コレクション〉**』（全5巻）が、7月刊の**第5巻『海―ロマン』**をもちましてお蔭様で完結いたしました。完結パブリシティの予定もございます、在庫のご確認とともに是非大きくご展開ください！▼『文藝春秋』七月号「今月の必読書」欄にて、池上彰さんが『**日本を襲ったスペイン・インフルエンザ**』を絶賛紹介。「過去の歴史を発掘することが予言となった書」。▼7／3（金）『日経ビジネス』にて、中野徹さんが『**評伝 関寛斎 1830-1912**』を絶賛書評。歴史の棚だけでなく、医学でも是非ご展開ください。▼7／14（金）NHK BSプレミアムにて、**竹内浩三**を特集した、「プレミアムカフェ ぼくもいくさに征（ゆ）くのだけれど」（初回放送2007年）を放送。▼7／21（火）『読売』「短歌俳句の巨人たち」欄にて『**雑誌 兜太 Tota vol.4**』が紹介。▼共同配信、『朝日』「折々のことば」などで紹介されました『**大地よ！ アイヌの母神、宇梶静江自伝**』ですが、まだまだパブリシティが続きます。引き続きご展開をお願いいたします。（営業部）

8／13(木)23時 NHK BS1スペシャル シリーズ〈コロナ危機 未来の選択〉
E・トッド氏出演！
【関連書】『新ヨーロッパ大全』『帝国以後』『経済幻想』『最後の転落』『家族システムの起源』他

〆切迫る！
第16回 河上肇賞

◎優れた未発表論考を本にする、画期的な出版賞。

【審査対象】12万字～20万字の日本語による未発表の単著論文（一部分既発表でも可）。経済学・文明論・文学評論・時論・思論・歴史の領域で、狭い専門分野にとどまらない広い視野に立ち、今日的な観点に立脚し、散文としてもすぐれた作品。

【提出〆切】二〇二〇年八月末日　必着

【選考委員】赤坂憲雄　川勝平太　新保祐司　田中秀臣　中村桂子　橋本五郎　三砂ちづる　藤原良雄

●〈藤原書店ブッククラブ〉ご案内●

▼会員特典は、①本誌『機』を発行の都度ご送付／②（小社への直接注文に限り）小社商品購入時に10％のポイント還元／③送料のサービス。その他小社催しへのご優待等。詳細は小社営業部まで問い合せ下さい。

▼年会費二〇〇〇円。ご希望の方はその旨お書添えの上、左記口座までご送金下さい。

振替・00160-4-17013　藤原書店

戦後75年　重要関連書

ヒロシマの『河』
【劇作家・土屋清の青春群像劇】
土屋時子他編　三三〇〇円

奇妙な同盟　I・II
【ルーズベルト、スターリン、チャーチルは、いかにして第二次大戦に勝ち、冷戦を始めたか】
J・フェンビー　河内隆弥訳　各二八〇〇円

「戦争責任」はどこにあるのか
【アメリカ外交政策の検証　1924-40】
Ch・A・ビーアド　開米潤・丸茂恭子訳　五五〇〇円

核を葬れ！
【森瀧市郎・春子父娘の非核活動記録】
広岩近広　二六〇〇円

沖縄健児隊の最後
大田昌秀編　三六〇〇円

ドキュメント 沖縄 1945
玉木研二　一八〇〇円

ドキュメント 占領の秋 1945
玉木研二　二〇〇〇円

戦場のエロイカ・シンフォニー
【私が体験した日米戦】
ドナルド・キーン　一五〇〇円

出版随想

▼今月も、コロナ禍は世界で拡大の一途をたどっている。このコロナ禍は、地球生態系の異常からもたらされているようだ。地球温暖化の報が流れて早や三十年を経過している。北極や南極の氷が溶け出し、異常気象による被害は続いている。大洪水、熱波……。それに人間による文明化の中での乱開発、生き物の絶滅種の爆発的増加、とにかく枚挙に暇がないほど、われわれを囲む生態系の異常は拡大の一途だ。この中での感染症の拡大である。

▼七月、今年度の後藤新平賞を、アイヌ出身の詩人であり古布絵作家の宇梶静江氏が受賞された。小社でも、宇梶さんの自伝をこの二月に出版したばかりである。齢八七とはどうみても見えないお姿。肌の艶、声、眼力……どこからみても衰えはない。いつもしっかりとした足どりで大地をゆっくり歩いておられる。この数年、何度かカムイにまつわる話を聴いた。良きにつけ、悪しきにつけ、「噫々、これはカムイの仕業だね」と。水俣の杉本栄子さんの〝のさり〟と同じような使い方で。そのカムイに逆らって、現代人はカネと権力を恣に、地球のあらゆる場所や生類を破壊し侵し続けてきた。もうそろそろ目覚めても良さそうなのに、まだまだ欲望は失せず虐待は続いている、と。

▼宇梶静江さんは『大地よ！』の中で言う。

「大地よ／重たかったか／痛かったか
（中略）
その痛みに／今 私たち／残された多くの民が／しっかりと気づき／畏敬の念をもって／手をあわす」

（亮）

とこそ進歩であるとし、エネルギー多消費型の大量生産社会をつくってきた二〇世紀は、人間が自然の一部であることを忘れさせたとしか言いようがありません。二一世紀に入り、人々はその問題点を強く意識するようになりました。しかし、便利な生活の探求に加えて、金融資本主義経済が動きはじめたこともあり、自然の一部という考え方はなるべく表に出てこないように、閉じこめておこうとする人々が多数派です。その方向への社会の動きは、変わる様子を見せません。

現代科学が「人間は生きものであり、自然の一部である」ことを明確に示しているのに、科学を基盤に進んできたはずの現代文明がそれを認めないという矛盾は、どこかで破綻する他ないでしょう。未来を担う子どもや若者の教育を考えたとき、この矛盾に気づき、原点に戻って新しい文明、新しい社会をつくる人を育てなければならないと思うのです。

「内なる自然」の破壊に気づく

「人間は生きものであり、自然の一部である」という基本から現代文明を見ると、数えきれないほどの問題が浮かびあがってきます。ここでは、それを一つの図にまとめてみます（図3

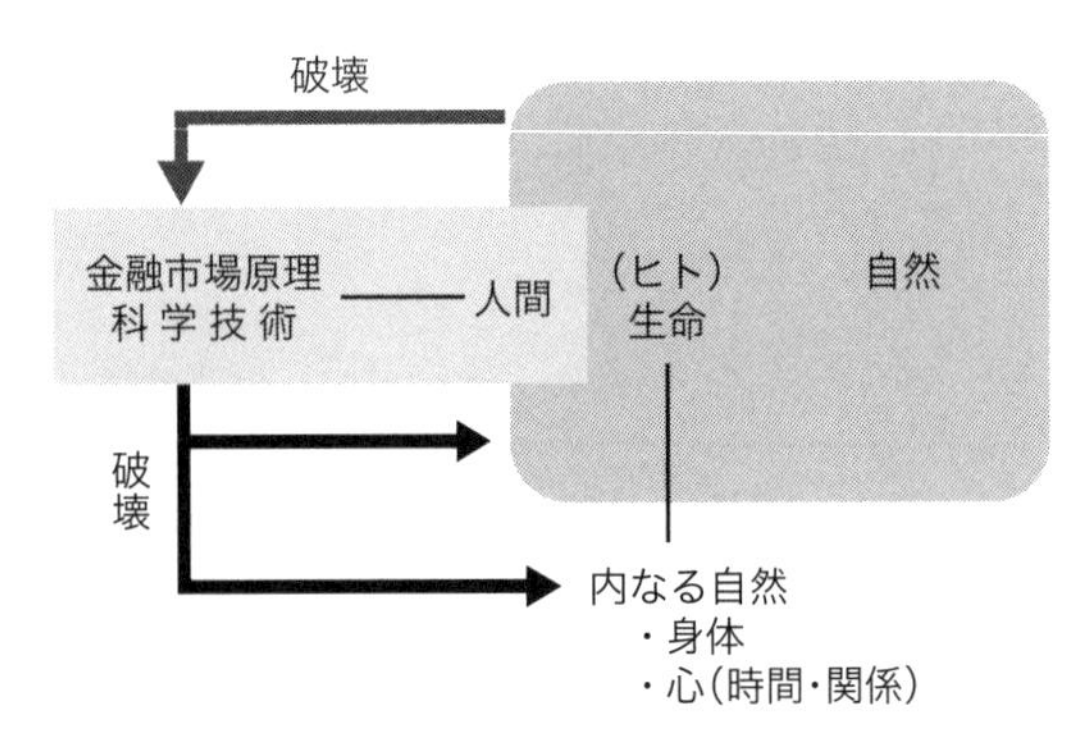

図３－３　「内なる自然」の破壊

―3）。

金融市場原理・科学技術依存で動く現代社会は、自然破壊を起こしています。温暖化など地球レベルでの環境問題に始まり、住宅地の近くの林の手入れ不足、宅地開発による緑の破壊などなど、日々、目にするところです。ところで、ここで改めて指摘したいのは、この図にある「内なる自然」の破壊です。私たち人間も自然の一部なのですから、自然を破壊する行為は私たち自身をも破壊します。内なる自然とは、具体的には私たちの体であり、心です。

一九五〇年代に発生し、いまだに課題を残している水俣病が典型例です。チッ素肥料生産の触媒として非常に有効な有機水銀を海に流したときは、広い海に拡散すれば問題ないと考えたのでしょう。しかし、海にはたくさんの生きものがいて、その食物連鎖で魚に濃縮された有機水銀は、人間のところへ戻ってきてしまいました。しかも、それまでの常識に反して、有機水銀は胎盤を通して胎児に入っていきました。

それまでの科学が物理的思考を基本にしていたために、海を大量の水としか見なかったための問題点が明らかになり、生物学的思考も入れなければならないことを気づかせてくれたのです。もちろん水銀は流されなくなり、昨年（二〇一二年）の特別措置法に基づく被害救済策での救済申請の受付終了で公には問題終結となりましたが、被害者の心と体への影響は残っています。決して終りではありません。

これは事件と言ってよい例ですが、日常にも問題が見えています。たとえば、自殺者が毎年三万人近くもあり、しかも最近は若者の割合が増加していること。そこにはいじめを受けた結果、追いつめられ悲しい選択をした子どもも含まれているのです。

教育界では、環境問題といじめは別の問題とされているのではないでしょうか。そして環境問題は新しい科学技術によって解決する課題、いじめは道徳教育を必要とする課題とされているように思います。しかし、「自然」という切り口をもてば、両方とも、自然を大切にせず、経済成長のみをめざした競争をしているために起きたことであり、根は一つです。そしてこの解決には「人間は生きものであり、自然の一部」という、ここで何度もくり返している事実に目を向ける他ないと思うのです。

これまでは、私たち人間の行為が自然を破壊することを見てきました。ところで、自然は、私たちに資源を提供し、慰めてくれるものであると同時に、とんでもない破壊力をもつものでもあります。二〇一一年三月一一日の東日本大震災で、私たちはそれを思い知らされました。日本は地震国ですから、これまでも地震や津波の被害は幾度となく蒙ってきました。しかし、今回は特別です。原子力発電所の電源が動かなくなったために、とんでもない事故となり、放射性物質の飛散という結果にまでなってしまいました。科学技術文明社会であるがゆえの問題が起きたのです。

そのために、被害からの回復が、自然災害だけの場合よりはるかにむずかしくなりました。しかもそれは、大量にエネルギーを消費してきた私たちの生活そのものを見直さなければならないという課題をつきつけたのです。その後の動きはここでは省略しますが、自然エネルギー活用の必要性も含めて、改めて自然の中で生きる方策を探す必要が出てきました。この図からは、考えなければならないことがたくさん見えてきます。

人間が変わらなければ

これまでにあげた問題点は、一九七〇年代から指摘され続けてきたことであり、政治家・官僚・企業経営者・学者・ジャーナリストなど、社会を動かす力をもっている人たちが気づいていないはずはありません。けれども、エネルギー大量消費社会は一向に変わらないまま、今日まできました。東日本大震災のときにはさすがに多くの人が衝撃を受け、「変わらなければ」という発言がリーダーたちからも出てきました。

しかし、具体的変化は見えません。むしろ、震災直後にとても印象的だったのは、農民・漁民など自然に向き合って暮らしている人たちの対応のみごとさでした。テレビで語る政治家・学者・評論家などの言葉には重みがなく、とくに学者は信用を失った感がありました。それに比べて、船も家も流されてしまった漁民が海の恐ろしさを語り、しかし「海はわれわれの生活を支えてくれるものであり、それを憎むことはしない」と言う姿に生き方を教えられたのです。

ここではっきりしたことは、「人間は生きものであり、自然の一部である」ということは、知識として手に入れるものではなく、自然と向き合って暮らして初めて体に入ってくるものだということです。知識としての理解でなく、体験を通して腑に落ち、身につくものであるということです。

日本は自然に恵まれた国であり、自然の中で暮らす文化をつくってきた国です。太平洋戦争以前は、その文化が日々の生活として続いてきました。ですから、特別の教育をしなくてもだれもが、「人間は生きものであり、自然の一部である」ことを基本に置く生き方を身につけていたのです。しかし今や、多くの人が都市に暮らすようになりました。とくに近年は、高層マンションが各地に建ち、子ども時代からそこで一日を送るようになり、日常で自然と接することがとても少なくなりました。改めて自然とのつきあい方を教育として考えなければならなくなったのです。

人間が変わらなければ、社会が変わるはずはないのですから、自然の一部であることを実感するには、具体的にどのような教育をしたらよいかを考えなければなりません。実は、二〇一一年には「変わらなければ」と言っていたリーダーが、二年半ほどたった今、再び自然のことは忘れて経済成長だけを口にするようになったのが気になります（経済の重要性を否定はしませんが）。人間が変わるには長い目で見ることが必要であると実感し、それには子ども、若者の教育が大切であることを改めて思います。

教育として農業を考える

ここで、教育の原点として農業を考えてみたいと思います。私は農学が専門ではありませんので、これは学問や理論から生まれた発想ではありません。体験からの提案であり、今後検討が必要と思いますが、具体例をあげながら考えていきます。

体験は大別して二つあります。一つは、農業高校を訪問したり、学校農業クラブの活動を見聞きするなど、高校教育と関わるものです。もう一つが、小学校に関わる体験です。ここでは、主として小学校を取りあげます。教育の原点として考えたとき、低学年からの教育を考える必要があると思うからです。

福島県喜多方市小学校農業科

まず、福島県喜多方市で行なわれている小学校農業科の例です。平成一八年の一一月、喜多方市は教育特区として、小学校に農業科を創設する認可を得ました。当時の白井市長の英断と教育委員会の前向きの姿勢が生みだしたものです。その契機となったのが、私が『日本経済新聞』に書いた記事だったということですが、光栄という他ありません。グローバル化の中で教育を考える小・中学校の教科に、英語とコンピューターを導入しようという動きが出てきたのは当然でしょう。もっともそれをどう具体化するのか、先生はどうするのか、何を教えるのかとなると、問題が山積みでもあったわけです。

しかも、コンピューターを用いて教えるのは経済、たとえば株の操作がわかるようにするためだという話が出てきました。考えこみました。そこで、「株より畑の蕪のほうが子どもたちの教育には役立つのではないか」というコラムを書いたのです。それを真正面から受けとめてくださったのが喜多方市でした。前例がないのですから、その具体化の過程は本当にたいへんだったと思います。それをみごとに乗り越え、平成一九年四月一日から市内三校での実験授業が始まりました。

詳細は省略しますが、翌年にはそれが六校になり、二三年にはすべての学校、つまり一八校での実施となったのですから、実にすばらしいことです。平成二一年からは特区ではなく、総合学習の時間として年間三五時間を確保し、対象は三年生から六年生までです。平成二〇年には喜多方市教育委員会作成の「喜多方市農業科」という副読本、翌年にはその解説書が作成されました。みごとな副読本なので、すべてをお伝えしたいのですが、大部にすぎます。ここでは目次の章立てだけを書きます。

Ⅰ　喜多方市小学校農業科とは
Ⅱ　農業科の学習準備
Ⅲ　作物の栽培と農業の一年
Ⅳ　農業のひみつ
Ⅴ　よく見てみよう（作物の観察をしよう）
Ⅵ　よく見てみよう（生きものを観察しよう）
Ⅶ　農業と健康
Ⅷ　これからの農業
Ⅸ　おわりに
資料　喜多方市の作物の栽培ごよみ

作物づくりとしての農業を身につけるだけでなく、作物を観察し、そこからいのちのすばらしさを知ることも農業科の授業に含まれます。健康との関係、産業としての農業のこれからなど、まさに総合教育です。農業が教育そのものであることがよくわかります。

これだけみごとな副読本と解説書があっても、先生方は農業の専門家ではありませんから、自信をもって教えるのはむずかしいでしょう。そこで活躍するのが地域の農家の方、とくに高齢者になります。喜多方市には、積極的に参加してくださる方たちがいて、農業科は成立しています。高齢者と子どもたちの交流の場になり、高齢少子社会である日本の地域のありようとしても望ましい姿です。子どもたちがお年寄りを尊敬する様子がなんとも魅力的です。

地域のお年寄りは、新しい試みにとまどいながらも熱心に取り組んでおり、ある協力者が、農業科に関わるときに意識していることを書いて送ってくださいました。

1　食べものといのちのかかわりを考える（食べものは、食べてあたりまえということだけではなく、自然や環境に生かされていること、他の動植物のいのちをもらっていのちを得て、健康を増進していることなど）。
2　作物を育てることを通して育む、慈しむ心が芽生え、ふくらむような取り組みでありたい（やさしさ、思いやる心）。
3　農業の時間がまちどおしくなるような農業科
4　田んぼや畑から児童の歓声がわくような楽しさいっぱいの農業科
5　思い出がいっぱい残るような農業科

6　小学校の農業科は、児童が主人公（主体）であり、おとなたち（農業科に関わる機関や人）の概念で振りまわすことのないよう留意する。

本文は大部で心がこもっており、胸が熱くなるような文章です。このような方があってこその農業科だと思います。

ところで農業科では、年度末に子どもたちが思うままを作文に書くことを続けています。ここで素直な気持ちを表現することが、みな年々上手になっていき、楽しみです。昨年度の作品から印象深いものを紹介します。

「ぼくはえだ豆をつくりました。……シャワーのような水やりがとても楽しかったです。えだ豆に「大きくなれよ」と話しかけました。……農業はさい高です。」（三年生）

「学校でとれた野菜を家にもち帰った時、家族がすごいねと笑顔を返してくれました。……一生けん命育てれば育てるほどおいしい野菜になり、みんなの笑顔が増えるなんて、野菜作りにはすごいパワーがあると思いました。」（四年生）

「原発事故のせいで……せっかく農家の人が苦労して野菜や米をつくったのに出荷停止になったりしたニュースを何回も見ました。……喜多方のお米は安全ですごくおいしいです。

……福島県へ来る人が増えるといいなと、この米作りで思いました。」(五年生)

「私たちが育てたあずきを使って赤飯をつくり、一人暮らしのおじいさんやおばあさんにくばりました。泣いて喜んでくれた人もいて……その時のことが心に残りました。」(六年生)

協力者が書いてくださったことがらすべてを、子どもたちが受けとめているのがよくわかります。作物に話しかけ、家族との会話を楽しみ、お年寄りへの思いやりの気持ちをもち、原発事故という社会問題にも目を向ける。すばらしい成長です。

農業科によって身についた「生きる力」

文部科学省が教育によって身につけさせたい能力としてあげているのが、「生きる力」です。微積分がわかるとか、英語検定の何級の力があるなどとは違って、「生きる力」とは一体何かはよくわかりません。ただ私は、農業に向き合う子どもたちの姿から、「生きる力」についての答えを見つけました。

1　すてきな笑顔

2　自分で考えて行動する

3　交渉能力
4　表現能力
5　コミュニケーション能力

などです。この背後にはもちろん、先ほどの作文から伝わってくる「いのちの大切さを知り、自己肯定感を高め、他者への理解や思いやりをもつ」という力があります。実はこの言葉は、文部科学省が道徳教育の重要性を指摘する報告書からの引用です。私の体験から改めて道徳教育と言わなくとも、農業を学ぶことですべてが得られると自信をもって言うことができます。

おわりに

実は、農業のもつ教育の力は他の例でも体験しています。農業高校については、ここでは詳細は語りませんが、高校になれば産業教育としての意味も含めて、より意味の大きな教育があると思います。私が農業高校を訪れて実感するのは、先生、生徒、農場にいる動物や植物たち、それらすべてが教育の場をつくっているということです。先ほどあげた「生きる力」が、ここにもあるのはもちろんです。このような事実を無視して近視眼的発想から、農業高校を軽視する教育政策をとってはいけないと強く思います。教育関係者はもちろん、農業関係者・政治家・企業人などすべての方が農業のもつ教育力に関心をもち、それを支援してほしいと思います。

喜多方市教育委員会は「全小学校での農業科の実践」という活動によって、第四二回日本農業賞・特別部門第九回食の架け橋賞を受賞しました。全国および都道府県農業協同組合中央会とNHKが主催する農業者を表彰する賞です。それを教育委員会が受賞するのは初めてでしょう。農業からの期待がこめられています。ちなみに同時受賞した兵庫県豊岡市の「コウノトリ育むお米」の活動でも小学生が大活躍なのです。私は、この子どもたちともおつきあいがあり、ここでも「生きる力」が育っていくのを見ています。

教育・農業ともに、生きものとしての人間にとっての基本的な活動であり、農業が教育として大きな力をもっているのは当然なのかもしれません。

Ⅳ　東日本大震災から考える

1　時の移ろいの中で――〝よりよく生きる〟ために

大災害が問う文明の驕り

二〇一一年三月一一日。マグニチュード九・〇という大地震とそれが引き起こした大津波により死者、行方不明者合わせて二万七千人以上という、現在日本列島で暮らしている人はだれも体験したことのなかった災害が起きた。被災地の広大さもこれまでにないものであり、今も避難中の方が一六万人を超えると報道されている（二〇一一年四月）。

この数字だけでも大変なことだが、これは単なる数字ではない。ここには、懸命に生きていた人、一人ひとりがいるのであり、それぞれに家族や地域でのかかわりがある。まずはこのような人々、家族、地域の暮しを支える活動に全力を尽くすことが大事だ。その後は、二一世紀の日本の社会としての思想とビジョンを明確にもった町づくりが重要になる。本当に暮らしやすい社会をつくりあげるために、これをすぐに考えはじめなければならない。

これまでの日本は、東京への一極集中を進め、そこでの生活を理想とした。埋め立て地に次々と建つ高層ビルに住み、夜も電飾で昼間かと思う明るさの中、買物や食事を楽しむ生活をよしとした。食べものやエネルギーがどこでどのようにつくられているかなど知らずとも、お金さえあれば何でもできる、何をしてもよいという考えがこの生活を支えている。最近は、思うように成長しない経済をなんとかしようとする動きがさかんだが、それもこれまで同様、科学技術と金融経済に頼るという基本を変えてはいない。

その象徴が福島第一原発である。大量のエネルギーを消費する都会に送るための発電所は、日常の中での安全は保障されていたが、大きな自然の力の前では実に脆弱であり、今も事故収束の見通しは立っていない。人口の大半を占める都市生活者、とくに首都圏の人間がこの大きな災害を自分のこととして考えることが新しい社会づくりのためには不可欠である。

原発建設に関わった科学技術者たちは、この地震は千年に一度のものであり、想定外であったと言う。機械や建築物は、危険が起きる確率とその大きさを想定しなければつくれない。つまり科学技術の世界では想定と確率が不可欠である。しかし、自然においては想定外はない。私たちは自然のすべてを知っているわけでもなければ、コントロールできるわけでもない。そして、科学技術が想定外としたことの被害者となる人間一人ひとりにとって、確率には意味がない。自分が被害に遭えばそれがすべてなのである。

科学技術は人間がすべてをコントロールできることを前提に動いており、自然に対しても、人間に対してもその考えをあてはめようとしてきた。自然がどれほど大きな力をもっているか、一人ひとりの人間のいのちがどれほど尊いかを思い、想定外とした事象をも想像し、それへの対処を考えようとしなかったのは、人間の驕りとしか言いようがない。それは企業や科学技術者だけではなく、文明社会で生きる私たちすべての問題である。

実は、この災害で私たちは自然の厳しさを知ったと同時に、人間のもつ力のすばらしさを再確認もした。被災地の方々の困難の中で生きようとする力、他を思う心などに胸を打たれた。それは被災地の多くの方が自然と近いところで暮らしていたことと無縁ではないと思う。まずは、子どもを自然から離し、ビル内での機械に囲まれた生活を日常として育てる社会を見直すことだ。日本列島全体を眺め、この大地の上に根を下ろした生活を組み立てるのが、新しい社会づくりの第一歩である。

（二〇一一年四月六日）

原発事故に学び、真の「科学技術立国」をめざそう

四月末、アメリカ南部を襲った竜巻によって住宅が瓦礫となった写真が、東日本大震災のそれと重なった。私たちは、このような大きな力をもつ自然の中で生きているのだということを改めて思ったものである。日本の場合それに加えて、原子力発電所の事故の収束の見通しが立っていない。長い間、自然・生命・人間・科学・科学技術の関連を考え続け、生命を基本に置く社会づくりを求めてきた者として、この課題は重い。と同時に、これまで考えてきたことを具体化するまたとない機会ととらえている。

すでに多くの方が、便利さを求めすぎてエネルギーを大量消費してきた生き方を見直そう、いのちに向き合っていこうと発言している。単なる復興でなく創生が必要という声も多い。まさにそのとおりだ。

そこで、創生の際に役立てる必要のある科学技術について気になることがある。東電の福島第一原発での事故とその後の対処については、メディアでの報道以上のことは知らないので、

全体像が見えるまで評価はむずかしい。しかし、津波の大きさが想定外であったという言い訳はともかく、事故の発生が想定されていないはずはない。「科学技術立国」をうたっている国の先端科学技術施設の事故の場合、先端科学技術を駆使した対処が用意されていると期待して当然だろう。

しかし、たとえば危険な場でこそ活躍するはずのロボットはまったくの期待はずれであり、線量計すらもたない人が最前線で作業をしていると知らされたのである（二〇一一年現在）。その後も、フランスやアメリカからの技術援助を仰ぎながらのなんとも頼りない対応に情けない思いをした。もちろん世界中の最高技術の活用は重要で、こんなところで国粋主義を出すつもりはない。しかし、それならその技術の必要性を承知し、すぐに出動を要請してこその科学技術先進国だろう。

ここで、スーパーコンピューターの予算についての仕分け騒動を思い出す。ある政治家の「二位ではダメですか」という質問に研究者が怒りの声を発した。しかし、そこで主張されたのは、コンピューターの規模が一番であることと巨額な資金との必要性だけだったのである。それで何を解くことが大事なのか、そのためにどのような人の参加が必要かという基本は語られなかった。求める社会の姿を議論し、そのために何をするかというところから出発していないのである。今回大事故という形で明らかになった日本の科学技術の脆弱さは、理念と構想を具体につなげる力の欠如から来たものであり、東電を責めるだけで済む問題ではない。「科学技術立国」という言葉をお飾りとせず、真に豊かで暮らしやすい国づくりに向かうには研究者、科学技術政策担当者が全体を見ながら、なお具体を明確に示していかなければならない。

また、すぐに役立つのは最先端科学技術よりも既存技術の的確な活用であることが多く、技術現場の人々の能力とモラルが重要であるというあたりまえのことも再認識した。「津波の被害を受けた岩手県釜石市のガス会社が、プロパンガスを都市ガスの配管に送る装置を活用してライフライン再建の工夫をした」という記事(『東京・中日新聞』朝刊、二〇一一年四月一日)に明るい気持ちになった。真の科学技術立国にするには、技術現場にこそ存在する人と志を尊重する社会にしなければならないことは、いくら強調してもしすぎることはない。

(二〇一一年五月一一日)

一極集中ではなく、分散型が複数の視点を生む

「変わらなければいけない」と多くの人が思いはじめている。地震や津波で壊された地域や

放射能で汚染されて人影のない町村を目にし、ここから立ち直るときには、これまでとは違う町づくりをしていかなければならないという気持ちである。

ボランティアとして被災地で活動することでそれを少しでも具体化しようとしている人、日常の暮しの中でこれまでよりも無駄をなくしエネルギー消費を落とそうと努める人、関わり方はさまざまだが、みなの気持ちが動いていることは確かだ。便利で豊かな生活を求め、社会のあり方など人まかせという流れができていたこれまでに比べ、一人ひとりが何かをしようと思っている今の状況は、民主主義のよい姿ともいえよう。それをさらに進め、みなが、社会のありようを考え、提言したり議論するようになり、社会が成熟していくことを期待している。

そこで、今、私が提言するとしたら何かと聞かれれば、やはり首都圏への一極集中の見直しである。今から二〇年ほど前(一九九〇年)、衆・参両院で「国会等の移転に関する決議」がなされた。以来、首都機能移転が検討され、国会等移転審議会が一九九九年に移転先候補地の選定に関する答申を出した(選定に関する答申というところがなんとも微妙だが)。このとき最も重視されたのが、災害対応力の強化であり、東京の潤いある空間への回復も課題となった。私もその審議に参加し、真剣に考えたことを思い出す。

しかし、その後「選択と集中」という言葉が流行して、強い者勝ちという価値観が広がるうちに、これはどこかへ消えてしまい、一極集中はより強化されたのである。首都機能移転は、三権（立法・行政・司法）の機能のいずれかを東京圏以外に移転するということだが、東京の場合、経済機能も集中しているので（官と財が近くにあることが必要だからだろうか）、それも含めて考えなければならない。

日本を眺めれば、細長い列島は円のように中心一つで動くものではなく、楕円にあるような二つの中心が必要とみえる。もちろん、それは二つに限ることはなく、的確に分散されることが望ましい。報道によると、関西や宮城県から機能移転の提案があるとのことだ。とくに宮城県の場合、実現すれば復興が単なる復興でない例となり申し分ない。

私が機能分散を望むのは、防災面からだけではなく、これによってものの見方が変わるに違いないからである。東京で生まれ育った者として、この二〇年関西で暮らしてみて、少なくとも二つの立場で物を見たり、考えたりできるおもしろさを実感した。東京という一つの視点が「上から目線」になりがちという欠点も知ったのである。

今回の原発事故での対応のまずさでもわかるように、この国は、個々の技術開発は得意なのだが、システムを動かし、それが壊れたときに的確に対応することが苦手だ。これは町づくりに関しても同じである。情報技術が進み、それを生かした社会が到来すると言いながら、結局、緑豊かな暮しとビジネスを両立させる分散ではなく、高層ビルに集まる集中という結果になってしまっている。質の高いシステムづくりへの挑戦としても、分散型で、地域特性を生かした、真の意味での豊かな国づくりへ向けて歩みだしたいと思う。

（二〇一一年六月一五日）

自然は思いどおりにならない

福島第一原発の事故から四カ月。この間、科学技術文明のあり方を基本から考える必要を感じてきた。考えるべきは、原子力発電という一つの技術ではない。科学技術のありようを単なる効果や閉じた場での安全性にとどめず、自然とのかかわりの中で総合的にとらえなければならない。

そのようなことを考えていたとき、アメリカの科学誌に、農薬耐性の雑草がはびこってきたという記事が出た。遺伝子組換えによって生みだされたトウモロコシ、ダイズ、ナタネ、ワタ、テンサイなどが、今、世界中に広まりつつある。一つは除草剤耐性、もう一つは害虫耐性という性質をもち、栽培の手間が少なくてすむということで農民に受けいれられているのである。一九九六年から商業栽培が始まり、二〇〇九年には一億三千四百万ヘクタール、当初の八〇倍に増えている。日本ではまったく栽培していないが、世界地図を見ると北米、南米、オーストラリアに始まり、中国、インド、東欧、さらには東南アジアやアフリカへと広がっているのがわかる。

日本では、遺伝子組換えという技術それ自体への抵抗があって、そうした作物は栽培されていないのだが、世界では、便利な作物として採用されている感がある。食品としての安全性については、組換えをしていない作物との比較で特別の危険はないという判断が経済協力開発機構（OECD）から出されている。安全に絶対はないというのは科学技術の鉄則であるが、現時点で自然のものとの違いを示すデータが出ていないことは事実である。一方、安心は技術自体よりもそれを進める人や組織への信頼によって判断が決まる。

ところで、今回問題になっているのは食品の安全性の問題ではなく、特定の除草剤耐性の作物を栽培し続けたためにそれに耐性をもつ雑草がはびこるようになってしまったという点だ。

一つの薬を使い続けるとそれに耐性の個体が登場するという事実は抗生物質とバクテリアの間ではよく知られていることだ。バクテリアの場合、耐性遺伝子の運び役が知られており、すばやい、しかも多種類の薬剤への耐性の出現に悩まされている。組換え作物の場合も、作物自身から雑草へと耐性が移るのではないかという懸念が出されてはいた。

しかし、今回出現した耐性雑草は、本来自身の中にもっていた耐性遺伝子を増やして強くなったようだ。栽培が始まってから十数年、植物もかなり早い対応をすることがわかった。生きものは与えられた環境の中でとにかく生きのびようとするものなのである。抗生物質の場合と同じように別の除草剤を考えることになるのだろうが、これはイタチゴッコになることはすでにわかっている。

潤沢な量の食糧を効率よく生産する。これは現代科学技術の至上命令だが、自然は思いどおりになってはくれないし、そこを強引に進めると閉じた場での科学技術の場合以上に、問題は大きくなる危険性がある。世界の作物が組換え体によって一様になることにも問題がある。

エネルギーも今や自然に人気が集まり、それを用いれば問題解決であるかのように言われているが、自然に関わりあうときは、自分も自然の一部であることを意識し、使い方を考える必要がある。大量に、便利にという気持ちはそのままに自然に向き合うと、思わぬしっぺ返しがある。ここでも想定外などと言わないように、考えて行動しなければならない。

（二〇一一年七月二〇日）

賢治に学ぶ「ほんたうのかしこさ」

生きものを見つめながら生き方を考えるという仕事をしながら、一〇年ほど前から宮沢賢治が気になりだした。詩や童話に、自然を感じとってそこにある物語を読み解く力を見たからである。それは賢治という個人と東北という場とが重なりあった結果だろうと思わせる。東日本大震災後、賢治を読み直し、それを通して東北地方や日本のこれからについて考えている。

取りあげたい作品はたくさんあるが、「虔十公園林」にしよう。虔十は、今でいう発達障害のある少年だが、家族全員からかわいがられ、家の手伝いをして過ごしている。あるとき、それまで一度も自分から何かを求めたことのない虔十が、「杉苗七百本買って呉ろ」と言う。杉を植えても育つような土地ではないと言っても、このときばかりは聞く耳をもたない。杉が伸びて隣人が、「陰になるから伐れ」と求めても、本来従順な虔十が拒否する。そんな虔十がチフスで亡くなって二〇年。村の田畑は潰されて家が建ち、町になっていく中で、杉林だけは立派に育っている。

この杉林で遊んだ子どもの一人が、アメリカで大学教授になり戻ってきて、この杉林を「虔十公園林」として残すことにする。今もそこで遊ぶ子どもの中に、「私や私の昔の友達がいないだろうか」と言って。この話は、「全くたれがかしこくたれが賢くないかはわかりません」「全く全くこの公園林の杉の黒い立派な緑、さはやかな匂(におい)、夏のすずしい陰、日光色の芝生がこれから何千人の人たちに本当のさいはひが何だかを教へるか数へられませんでした」と終わる。

この小さな物語からは、多くのことが読みとれる。虔十には発達障害があるが、家族にとてもかわいがられている。自分の力に応じて家の手伝いをし、地域の人たちにも存在を認められ、幸せに暮らしている。ある日、杉の苗を植えようと思ったのがなぜかはわからないが、おそらく自然に近い存在として、遠い先にみなの楽しみの場になる杉林を、今、つくることが大事だと感じとったのだろう。本当の賢さとは何かを賢治は問うているのである。

生きものを見ていると、アリはアリ、チョウはチョウですばらしいと思う。一つの物差しで優劣をつけることなどできないのだ。人間についても同じこと。結局、さまざまな能力を合わせた全体としてはみな同じということではないだろうか。

その全体を発揮できるよう支えるのが家族であり、地域なのである。西暦二〇〇〇年を挟んでの二〇年ほど、一つの物差しをあてて競争社会をつくり、格差を生むことをよしとして、地域や家族の絆を壊してきた。その結果、今では社会全体が壊れた状態になっている。ここには、「ほんたうのかしこさ」や「ほんたうのさいはひ」は感じられない。

東日本大震災から半年近くが経つのに、政府をはじめとする中央の動きが鈍いのはまさにそのためである。被災者は、日々つらい生活を送らなければならないだけでなく、先が見えないことに不安と苛立ち（いら）を感じているに違いない。そのような折に、政権争いの茶番劇で時を過ごしている人々に虔十の賢さを学んでほしい。被災地には自然と向き合い、今、必要なことを感じとる「ほんたうのかしこさ」をもつ人が多いと私は感じる。中央は、それを生かす方策を一日も早く出し、貴重な動きを引き出してほしい。

（二〇一一年八月二四日）

人は「自然」の「中にいる」

最近、自然という言葉をよく耳にするようになった。三月に起きた東日本大震災、それからほぼ半年後に日本列島を直撃した台風群と、自然の力の大きさを思い知らされる体験が否応なしに自然に目を向けさせているのだろう。科学技術とお金によって便利さを手にすることだけをよしとしてきた人々が、自然の存在の大きさに気づいたのであり、そこで浮上してきたのが、自然・再生エネルギーである。生きものを研究し、人間は生きものであるというあたりまえのことを基本に社会を組み立てたいと願ってきた者としては、この流れは大いに歓迎したい。生きものであるとは、自然の中に身を置くということだからである。しかも近年の研究から地球上の生きものは祖先を同じくする仲間だとわかっているので、その意識も重要だ。

とはいえ人間は、他の生きものたちにはない文化と文明をもつ特殊な存在でもあるので、自然という言葉のもつ意味は深く、そしてなかなか複雑なのだ。

自然と人間との関連を見ると、大きく三つに分けられる。最も重要なのが利用する自然である。石油・石炭・鉄などの資源は生活に欠かせないし、農林水産業はすべて自然の活用である。科学技術が進歩した現在でも、植物の光合成に見合う技術はなく、食べものはすべて自然に依存している。二番目は美しい自然、楽しむ自然だ。春のお花見、秋の紅葉狩りなど日本では四季の変化を楽しむ行事が多い。ところで、この二つの場合には、いずれも私たちは自然の外にいる存在として行動している。人間が主人であり自然はわれわれのためにあるものとしてふるまっているのである。

ところがもう一つ、脅威となる自然がある。地震や台風がまさにそれである。ここでは、人間は確かに自然の中にいることを痛感させられ、自然の大きさ、人間の力の限界を感じる。

こうして人間は自然を三つに分けて考えているが、自然そのものにはそのような区別があるわけではない。自然は一つなのである。だから、利用できる自然としての石油を大量に採掘し燃料として用いれば、大気中の二酸化炭素が増加し気候が変動する。最近の台風が日本近海で勢力を増すのは、海水温が上昇しているからだとも言われている。開発によって自然の景観が壊れるだけでなく、野生生物が減り、楽しむ自然の質が落ちていく。つまり資源としての利用と景観としての楽しみと災害とは、独立したものではなくつながっているのである。そして私たち人間はその中にいるのである。念のためにくり返す。私たちは、自然の外にいるのではない。

最近、自然・再生エネルギーの利用への関心を高めている人々が、自然とはここで述べたような複雑さをもつものであることに気づいているかどうかが気になる。これまでのように、自分は自然の外にいるという意識でその利用だけに目を向け、経済の視点からだけで利用の是非を判断するなら、自然のバランスを壊す危険性が高い。自然・再生エネルギーを活用するのなら、自分が自然の中にいることをつねに意識しながら暮らすことが前提になる。量的拡大のみを求める価値観は変えずに、ただ自然、自然というのでは自然の活用ではなく破壊になる危険性がある。

まず全体のバランスを重視する社会へ転換しようと決意し、そこでの利用方法を探るのでなければ、明るい未来にはつながらない。

（二〇一一年一〇月五日）

社会に「賢さ」のシステムを

地震・津波・台風などの自然の猛威とそこでの原発事故に直面し、単にその被害からの回復にとどまらず、新しい生き方を探らなければならないという気持ちを多くの人がもっている。その表れの一つとして、原子力発電から自然・再生エネルギーへの転換という声が大きい。生命誌という私の仕事は、自然・再生エネルギーの利用につながるものなので、この流れは歓迎だが、今のかけ声が本物になるだろうかという疑問がある。

なぜなら、この転換は経済優先の現状からいのちを重視する方向への動きなしには可能にならないはずなのに、新自由主義とよばれる金融市場経済主導の社会が変わる気配は見えないからだ。先日、企業や官庁の若手中堅と話す機会があり、この気持ちを伝えたところ、わかるけれど現実は変わらないだろうという反応だった。そして、自分のお金だったらだれもが怖くてできないような投機が行なわれているしくみを教えられた。このようなお金の動きは、社会秩序はもちろん人間そのものを壊しているとしか私には思えてならない。そして未来の人々への影響の大きさを思うのである。

私のようなしろうとが見ても、リーマン・ショック以降の状況は、科学技術でいえば「事故」なのに、経済ではそうはよばれない。それなのに、行きすぎた金融経済を脱しようという動きにならないのはなぜだろう。そもそも経済は人間が幸せに暮らすためにあるはずなのにと思っていたとき、経済学の古典といえるアダム・スミスについての堂目卓生大阪大学教授のセミナーがあった。アダム・スミスといえば『国富論』、そこで言われたのが「見えざる手」であるという程度の浅い知識しかもたなかった私には、まさに目からウロコの話だった。

アダム・スミスの主著のもう一つが『道徳感情論』。そこには「人間は利己的とされるけれど、同時に他人の幸福を自分に必要なものと感じる本性がある。他人の悲しみを想像すると自分も悲しくなるだろう」という意味の言葉があるのだ。市場原理、つまり「見えざる手」を通じて社会を繁栄させるのは利己心のほうである。ただし、利己心は弱さであり、もう一つの人と共感する本性のほうが賢さとしてはたらくのだ、というのがスミスの考え方である。自分の中にいる公平な観察者が正義や公平を重視し、社会秩序をもたらすのであり、この賢さあっての「見えざる手」なのである。

とくに共感したのはスミスの幸福論で、弱い人が予想する富と幸福の関係はどこまでも比例関係だが、賢い人は、あるレベルから先は富が増しても幸せは増えないと考えるというものである。堂目教授は、スミスのメッセージとして、

・人間は社会的存在である
・富の役割は人と人をつなぐことだ
・富の役割を生かせる社会をめざそう
・今できることに真の希望を見いだすべきである

という四つをあげられた。まさに人間の側からの発想である。富は人と人とをつなぐためにある、などという言葉を今の経済学者は聞かせてくれない。人間を大事にする社会にするには、スミスの言う「賢さ」を組みこんだシステムをつくらなければならない。ここへ戻って新しい社会をつくれば、エネルギー問題もおのずと先が見えてくるだろう。ウォール街を占拠しようと声をあげているアメリカの若者たちの映像を見ながら、原点の大切さを思った。

（二〇一一年一一月九日）

人類に不可欠な「世代間のかかわり」

二〇一一年の終りにあたって考えずにいられないのは、やはり東日本大震災とそれに伴う原子力発電所の事故である。あれから九カ月、被災地の方はもちろん、日本中がおちつかない毎日を送ってきた。放射能汚染の除去をはじめ、復興への道は緒についたばかりの感があり、来年もみなでこの問題に向き合い、新しい地域づくりのために行動しなければならない。この課題については、自然・生命・人間の問題として何度か書いてきたし、これからも考え続けるつもりである。

そこで今回は、同じ生命・人間の問題として、二〇一一年一〇月三一日に起きた世界的、地球的課題を取りあげたい。七〇億人になった世界人口である。六〇億人になったのが一九九九年だったから一二年で一〇億人の増であり、予測では二〇五〇年には九三億人、二一世紀末までに百億人を超すとされている。人口増加率は、一九六五年から一九七〇年の五年間が最高(二・〇%)で、今は下がってきているとはいえまだ増加が続く。

その背後にあるデータを見ると、平均寿命の延び、乳児死亡率の低下、出生率の変化がある。

一九五〇年代初めに四八歳だった世界の平均寿命が二〇一一年には六八歳、出生一〇〇〇あたり一三三だった乳児死亡率は四六と急減である。合計特殊出生率は六・〇から二・五へとこれも半減以上の変化をしている。まさに一人ひとりの人間の生の質が高くなっているといえる。この背景には、経済成長、女性の教育と収入の機会増加、避妊法の普及などがあるわけで、人類の歴史の中でも誇ってよい成果である。

ただし、国連人口基金は、世界人口の変化の歴史を「成果と挫折と矛盾に満ちている」と分析している。全体の数字では大きな成果が見えるのだが、細かく分析すると、「挫折と矛盾」がたくさん見えてくるということだ。とくに、極度の貧困や飢餓に苦しみ、いまだに高死亡率、高出生率の国があることは現代社会の現実である。世界全体で取り組む必要があるが困難は多い。

実は最近浮き彫りになっているのが、開発途上国で都市化が進み、若者が職を求めて都市に移動して高齢者が地方に置き去りにされるという問題である。国としての経済が成長するなかで地域や人間関係が壊れるという状況は、日本もいまだに引きずっている課題である。最近、興味深い研究報告が出された。寿命が延びて祖父母という存在が生まれたのは今から三万年前。この存在によって社会のつながりを強めたことが、われわれがネアンデルタールに打ち勝って生き残った理由の一つかもしれないというのである。世代間のかかわりは人類の存亡に不可欠なものかもしれないというわけだ。

確かに経済成長は、生活の豊かさを支え、ある種の幸せを保証する力をもってはいるのだが、同時に格差などの矛盾も生む。二〇世紀の成長はそれなりに評価するとしても、二一世紀はきめ細かく人間を見つめて矛盾を解決しなければ、一歩先には進めない。ぜひとも、この世に生を受けたすべての人の生の質を高める世紀にしたいと思う。恵まれた国日本でも、身の回りにはさまざまな矛盾がある。それに目を向け、考え、改善に向けて行動することから始めたい。

（二〇一一年一二月一四日）

日本のこれからを古典に学ぶ

沖縄、尖閣、竹島と、日本がこれからどのような国として存在していこうとするのかを問う難問が並ぶ新聞に、ちょっと気分の晴れる小さな記事を見つけた。二〇一〇年度に全国の公共図書館（三二七四館）が貸し出した本が国民一人当たり五・四冊と過去最高になったというのである。

夜遅くまで開館するなどサービスが向上していること、余暇のある高齢者が増えたことなどが原因かと分析されているが、児童図書の貸出しも増えており、小学生一人当たり二六・〇冊という数字が出ている。東日本大震災後、緊急必需品の次に、早くから求められたのが本だったという事実もある。ネットによる断片的な情報が好まれると言われながら、やはり本（媒体は紙でなくともよい）は大切なものとして生活の中にあるのだと知ると、ホッとする。

読む本は人それぞれだが、今年から一一月一日が「古典の日」となったこともあり、古典について考えてみたい。昨年の東日本大震災後、なぜか『方丈記』に惹かれて読み、驚いた。「災害ルポルタージュ」であり、災害に向き合ったときに考えることがみごとに書かれていたのだ。

作者の鴨長明が二三歳からの九年間（一一七七〜八五年）に、大火、辻風、福原遷都、飢饉（ききん）、大震災と天災、人災が続いた。震源地が京都の北東、マグニチュード七・四と推定される地震は「おびたたしく大地震（おほなゐ）ふること侍りき。そのさま、世の常ならず。山はくづれて、河をうづみ、海はかたぶきて、陸地をひたせり」とあり、「人みなあぢきなき事をのべて、いささか、心の濁りもうすらぐと見えしかど、月日重なり、年経にし後は、言葉にかけて言ひいづる人だになし」と風化にも触れている。

この後、長明は都での暮しをやめ、里に組み立て式の方丈を建てて暮らす。現代語訳と解説つきで読んだのだが、原文もなんとか読めるし、自然を生かした社会をつくろうとしている私たちが学ぶことがたくさんある。

古典の日は、『紫式部日記』の一〇〇八年一一月一日に『源氏物語』に関する記述が初めて登場することから、この日になったとのことだが、『源氏物語』についても思い出がある。二〇〇八年、京都の友人から「源氏物語千年紀」への参加を求められ、恋物語は苦手と断ったら、「描かれている自然のみごとさをご存じか?」と問いただされた。これも対訳つきで読んだところ、たとえば「鈴虫」の巻で、源氏が出家した女三宮の御殿を十五夜の夕暮れに訪れるにあたり、萩の咲く庭に鈴虫(今の松虫)を放されたという場面に出合った。確かにここでの主役は源氏でも女三宮でもなく月と萩と鈴虫だ。自然を生かす文化である。

『源氏物語』と同じころに書かれた『堤中納言物語』の中の「蟲愛づる姫君」は、生命誌という私の仕事の原点であるし、『万葉集』にも共感できる歌がたくさんある。

古典といっても、その内容は今の私たちと通じるものばかりだ。千年を超えてこれだけの連続性のある文化をもつことに誇りと喜びを感じる。こじつけでなく、最初にあげた難問に向き合い日本のこれからを考えるときの基盤を、古典に見られる自然に根ざしたおちついた文化に置くことで、よい答えが探せるように思う。

(二〇一二年一一月一四日)

いのちと「つくる」こと

東日本大震災とそれによる原子力発電所の事故に直面したとき、私たちは現代文明のありようを見直そうと考えた。そこで気づいたのは〝つながり〟の大切さであり、復興は単なる物理的な立て直しではなく、いのちを大切にするつながりある社会へ向けての出発点だと思った。

それから二年余、この意識は残念ながら薄れているようだ。

一人ひとりは、家族を大切にし、花を愛でるという日常を送っていても、自分の力で社会を動かせるわけではない。いのちに向き合っているとは言えないことがらが、次々と起きている社会をどうすることもできないと思うのが普通だ。確かに一人で社会を変えることはできない。

しかし、今、必要なのは価値観の変換であり、そのためには一人ひとりが小さなことに気づいて、自分を少しずつ変えていく他ないのではないだろうか。あたりまえと思っていることを、ていねいに考えてみる必要があるのではないだろうか。

たとえば、社会をつくるとか、街をつくると言うけれど、つくるとはどういうことなのだろうと問うてみる。「つくる」という言葉を辞書で引くことはまずないだろうが試みてほしい。

手元の電子辞書には「材料にあれこれ手を加えて目的のものをこしらえ出す」とあり、①別の新しいものを生みだす、②無いものをあるようにすると二つの意味が書かれている。

②には、化粧する（顔をつくる）という項があり、なるほど無いものをあるようにしているんだと苦笑いだ。①には、まず「船をつくる」という人間の力でものを生みだす作業があげられている。研究会をつくるなど組織づくりもある。醸造する（酒をつくる）、育てる（後継者をつくる）などの使い方もあり、栽培する、出産するという項目まである。

確かに私たちは「お米をつくる」と言ってきたし、最近は「子どもをつくる」とも言う。言葉としては、「船をつくる」と同じだ。けれども、これらをそのまま同じと考えてよいものだろうか。船は材料に手を加えて目的のものをこしらえるという定義にピッタリだ。でもお米はそうだろうか。私たちはイネを育てているのであり、イネをつくりだすことはできない。いのちをもつものをつくる能力はないのである。「子どもをつくる」にいたっては、「材料にあれこれ手を加えて」ではないでしょうと疑問を呈したくなる。

しかし、私たちがこの言葉を使っていることも確かだ。しかも、「卵子提供登録支援団体」というNPO法人が生まれ、実際にその活動の中で体外受精が行なわれるという動きがあることでもわかるように、いのちに関しても「あれこれ手を加えて」という方向へと動いている。

ここで肝に銘じなければならないのは、生きものについては「目的のものをつくりだす」ことなどできない、私たちにはそんな力はないということだ。いのちに向き合うとは、私たちの思うままにするという意識ですべてを動かさないということである。私は、この思いの徹底していない現在の社会で卵子を動かすことには賛成しかねる。まさにこれこそ価値観の問題なのであり、一人ひとりが考える他ない。

「つくる」という言葉のもつさまざまな意味とその側面を考えてみたのも、このように視野を広げることで、これからどんな社会にするかという課題との向き合い方が見えてくると思ったからである。社会の問題を一つひとつ考えたうえでの一人ひとりの判断が、新しい方向への力となるのだと思う。

（二〇一三年五月二三日）

胸打つ言葉と方便の言葉

あの日から三年がたった。三月一一日は、友人たちが行なったチャリティーコンサートでの募金係という小さな活動をしながら、この日を忘れないことを改めて確認した。

当日は、たくさんの報道があり、識者のコメントもあったが、なかでも被災地の方々の生の言葉に多くを考えさせられた。国立劇場（東京）で開かれた追悼式で遺族代表として語られた浅沼ミキ子さん（岩手県）、和泉勝夫さん（宮城県）、田中友香理さん（福島県）の言葉は、日本中の方の心に届いたと思う（『東京・中日新聞』でも翌一二日の朝刊で全文を紹介している）。

ある日突然、息子を、母や妻を、そして父を失った悲しさと、もしかしたら自分が救えたかもしれないのにそれができなかった悔しさを感じながらも、亡くなった方の分まで精いっぱい生きようという思いをそのまま伝える言葉に胸打たれた。そして三人それぞれのすばらしい生き方に尊敬の念がわいた。ここで語られた言葉は、あふれるような気持ちを整理しながらていねいに紡ぎあげられたものに違いない。だから、語る人そのものが見えてくるのだ。言葉は、人そのものなのだと改めて感じた。

言葉は人であると強く感じた理由は、最近、そのような意識で発せられているとは思えない言葉があふれているからである。その最たるものが、「原子力発電所の状況はコントロールできている」という言葉である。これは、事実を詳細に検討して信念をもって発せられたものではない。大金をかけて進めた二〇二〇年東京オリンピックの招致運動を成功させるための方便にすぎない。「嘘も方便」とは言うけれど、それにも限度がある。一国の首相による世界に向けての発言としてはその限度を超えていると言わざるを得ない。

汚染水だけを見ても、高濃度汚染水が大量に漏れるなどの事故があり、どう見てもコントロールされているとは言えない。言葉はとても大切なものだが、言葉だけでは意味がない。それに実質が伴って初めて意味をもつのである。首相は、三年目にあたって「原発の廃炉、汚染水対策についても国が前面に立って取り組むことは言うまでもありません」と語ったが、これが「コントロールされている」という発言と重なって、具体的にどうなるのか何も見えてこないのが残念だ。

言葉と人ということで最近気になることがもう一つある。これも実例で語ったほうがよかろう。ＮＨＫの籾井勝人会長が「政府が右と言うものを左と言うわけにはいかない」という発言を失言としていることである。だれしも失言してしまうことはある。それは謝って許してもらう他ない。しかし、これは失言ではなく、まさに人そのものを表している。そして報道機関の長にはふさわしくない人であることを示している。失言として済ませられるものではない。頭を下げさえすればよいというのでは、言葉に対してあまりにも失礼である。

三年後の今も仮設住宅で暮らす人、故郷を遠く離れて帰ることのできない人、土や生きものを相手の仕事ができずにいる人など、被災地の人々の言葉をよく聞き、それを大切にし、その言葉に実体を伴わせていくことがこれからの私たちの務めである。

（二〇一四年三月一九日）

価値観の転換を図るとき

重要と思うことがらを一つ取りあげたいのだが、このところ考えなければならないことがらが多すぎる。

東京電力福島第一原発の状況は、安全性の保証を具体化することのむずかしさを示しているのに、安全性を前提に原発再稼働を基本に置くエネルギー政策が出された。また気候変動に関する政府間パネルの第五次評価報告書は、世界的な人口増と経済成長、その中での石炭使用の増加が著しく、二酸化炭素濃度の上昇による気温上昇の危険を示している。すでに、私たちの身の回りでも豪雨や猛暑が続くようになり、昨今の荒々しい気象は気になる問題だ。

先日、松原隆一郎さんが、『東京・中日新聞』に、「高さ規制一五メートルという風致地区であり、明治以来の歴史を緑の中に抱えこんでいる明治神宮外苑に、高さ七〇メートル超という大型の新国立競技場を建設しようという計画案は、決められた経緯が明確でない」と述べていた。

特定秘密保護法、集団的自衛権など、多くの疑問が出されるなか、十分な論議もなく既成事実が積み重ねられ、憲法改定の動きも見え隠れする。なぜ今それを求めるのかがわからないまま、戦争ができる国へと動いている。戦争に関しては、「軍縮・不拡散イニシアティブ」が広島で開催され、非核保有国の外相らが原爆資料館を見学し、被爆者の体験談に耳を傾けたのはちょっとうれしい話である。しかし、「核兵器なき世界」の実現への決意だけで、具体的な期限を示した核廃絶へ向けての決意は示されなかったところが弱い。そのためか、この重要事項への関心は低く、ほとんど街の話題にはならなかったのが残念である。

ＳＴＡＰ細胞研究をめぐる研究者の不正行為も大きな話題になった。これも過剰な競争、大型予算の獲得合戦の中にある研究の現状の一側面といえる。ケネディ駐日アメリカ大使と安倍晋三首相のリニア試乗もあった。技術として可能であるとしても、広大な草原や砂漠を走り抜ける交通機関としてなら考えられるのかもしれないが、どう考えても東京と名古屋をつなぐために南アルプスを通る計画は、問題がありすぎる。

最近の新聞で気になった記事のいくつかを思いつくままに並べたのは、これらすべてに共通する価値観を感じるからである。それは、二〇世紀後半の生活を支えてきた成長、大型化、集中化をなお延命し、それにしがみつくものである。今や二一世紀を生きる私たちには、価値観を転換し、成熟、適正化、分散化、多様化に向かうおちついた社会をつくることが求められている。地球という星で生きものとしての人間が生きていくには、この選択しかないし、おそらくそのほうが多くの人が暮らしやすい社会になるはずだからである。

たとえばエネルギーについて、安全性や放射性廃棄物の処理を考えて脱原発の方向を求めるなら、社会を多様化、分散化へと動かさなければ実現はむずかしい。自然エネルギーは、分散型で使ってこそ意味がある。つまり、地産地消であり、それにはまず人間の分散が必要だ。競技場にしても、世界の諸施設より格段に大きく、北京の「鳥の巣」とよばれる超巨大競技場に匹敵するものを建設するというのは、大型、集中の発想である。維持の費用やエネルギーを考えると頭が痛くなる。

社会の成熟の象徴は平和である。国際関係は、自らがつくるものであり、平和への道を求めての行動や交渉が重要である。価値観の転換ほどむずかしくめんどうなことはないので、つい従来路線を選びがちだが、めんどうでも新しい方向を探るときである。(二〇一四年四月二三日)

「よりよく生きる」には

ＮＰＯ法人「原子力資料情報室」を設立して代表を務められた高木仁三郎さんに「反原発というのは何かに反対したいという要求ではなく、よりよく生きたいという意欲と希望の表現である」という言葉がある。化学を学び、原子力の専門家として出発した高木さんは、人間として科学技術のありようを考えたとき、原子力は人間のコントロールの外にあるという結論を出し、専門知識と魅力的な人間性とを合わせて原発への疑問を発信し続けた人である（二〇〇〇年没）。

高木さんの数ある著書はどれも深い思索から生まれているが、とくに私がくり返し読んでいるのが『いま自然をどうみるか』（白水社、一九八五年）である。「よりよく生きる」ことを考えるとき、自然とのかかわりが重要であるとして、ギリシャ以来の人間の自然の見方を整理し、今、それをどう見るかを提示している。「単純に自然の全体の中に人間を埋没させることとしてでなく、人間の精神を広大なる自然へ向かって解放するかたちで人間を相対化する」というのが高木さんの得た答えである。ここまで考えて、これからの生き方を探っているのである。つまり、単なる反原発ではない。

原発だけではない。二〇一五年八月一四日付の『東京・中日新聞』朝刊「本音のコラム」で、佐藤優氏が猪瀬直樹氏の「沖縄の人が抱えているリスクという意味では、普天間基地でも辺野古でも同じ。僕ら本土の人間は辺野古がセカンドベストだと思っているけれど、沖縄の人たちにしてみれば、生存に関する問題で等価になっている」という言葉を引き、この認識は正しいとしている。生存とはただ生きることではなく「よりよく生きる」ことである。「ぬちどぅ(命こそ)宝」という言葉をもつ沖縄の人が体験から得た答えなのである。

そして戦争だ。他国を武力で守る集団的自衛権の行使容認という安保法案は、政府がどれほど説明しようとも戦争への道であり、今、なぜその選択をしなければならないのかわからない。国の役割は国民一人ひとりが「よりよく生きる」ことを支えることであり、それが国民を守るという言葉の具体的内容である。今朝もラジオから、人身事故のために電車が不通というニュースが流れてきた。東京では日常になり、またかとつい舌打ちしてしまう自分が恐ろしい。どんな事情があるにしても自らの命を絶ってはいけないが、生きにくい世の中になっていることも確かだ。みながよりよく生きようとする意欲をそぐ社会である。一人の生命が失われることの意味を考えず電車が動かないための遅刻を心配する身勝手を反省する。

戦争はこのような一人ひとりの生命を思う気持ちを否定する行為である。人間は身勝手で、本来最も重要である寛容の気持ちを失いがちであるために、これまでの歴史はまさに戦争の歴史であった。しかし、だからといって戦争をする国が普通の国と考える必要はない。グローバル社会では世界中の人がつながっている。そこでは「よりよく生きる」をともに求める仲間は、世界中すべての人ということにならざるを得ない。なんとしてでも、みながよりよく生きる社会を探しだす努力が必要である。どんなにむずかしくとも、自由と平和の中で寛容の精神をもつ人々が生きる社会を求める他、人類の生きる道はないと考えるときではないだろうか。平和憲法をもつ日本はその活動の先頭を行く可能性をもっている。

（二〇一五年九月二日）

「どう暮らす」の問いが欠如

雑誌をパラパラめくっていたら「超高層の科学　どこまで高くできるのか？」という特集記事が目にとまった（『ニュートン』二〇一五年一一月号）。高さ三百メートル以上六百メートル未満のビル「スーパートール」は、現在（二〇一五年六月）世界中に九一棟あるという。このうち六棟は一五年に入ってから完成、年内に一四棟が完成予定とある。超高層ビルの建設が急速にさかんになっていることを示している。しかも、これにとどまらない。「メガトール」とよばれる六百メートル以上のビルが二棟、上海（中国）とドバイ（アラブ首長国連邦）にある。後者「ブルジュ・ハリファ」は八二八メートルと現在世界一だが、ジッダ（サウジアラビア）では一〇〇〇メートルを超す「キングダムタワー」が、一八年の完成をめざして建設中とある。

「ブルジュ・ハリファ」では、全体をY字形の断面にし、上へ行くほどそれを小さくする形でらせん形をつくり、風による振動を抑えている。マグニチュード五・五の地震には耐えるともある。専門家は、建設技術・利用技術を徹底的に研究し、技術としてはどんな高い建物も建設可能という答えを出している。超高層ビルの建設地は、中国を主とするアジア、中東、それにアメリカであり、ヨーロッパにはない。

実は、経済性からは幅一〇〇メートル、高さ四〇〇メートルほどが限度とのことなのになぜこれほど高いものを建てようとするのか。それは権威や富の象徴になるからだというのがこの特集のしめくくりである。

ところで、東京湾に埋め立て地をつくり、一六〇〇メートルの「スカイマイルタワー」を建てようというアメリカからの提案がある。まだ具体的計画ではないが、東京なら建てるだろうという目算あっての提案だろう。事実、現在の東京はオリンピックという免罪符のもと、高層ビル建設ラッシュである。伝統あるホテルが消えるのを惜しむ声も大きな槌(つち)音にかき消されている。新国立競技場も、一九六四年のオリンピックの思い出とともに、そのときの建物を改築するという案には目もくれず、巨大建設物をつくろうとした。その土地のもつ歴史も自然も、人々の生活も無視した選択だった。

東日本大震災とその後に続く自然災害の中で、等身大の生き方をすることの大切さを学んだはずなのに、やはり成長志向は消えず、東京は超高層への道を進んでいる。超高層ビルの特集記事には、そこでの暮しはまったく描きだされていないのだが、巨大な閉鎖空間での生活はどのようなものになるのだろう。想像することさえむずかしく実感がわかない。

最も気になるのは、そこで生まれ、育つ子どもたちが、どのような感性をもつのだろうということである。東京湾岸に並ぶ五〇階もある高層マンションを見ても、そこでは少なくとも生きものとして生きる感覚を養うのはむずかしいだろうと思える。オリンピック・パラリンピックへ向けての建設行為は、「若者にスポーツの場を」という疑問をはさみにくいかけ声のもと、一極集中をさらに進めている。建物の高層化でそれに応じているのが現実である。数十年という短期間で、大きく生活を変えることにどこまで責任をもてるのか。その検討はどこでなされているのだろう。少なくともヨーロッパにはその問いがあり、高層ビルを建てていないのではないだろうか。技術は技術としてだけ語っていてはいけない。また、できるからといって、安易に実践することも恐ろしい。

（二〇一五年一〇月七日）

自然と調和する技術を

「あの日」からもうすぐ五年がたつ。警察庁の二月の発表によると死者は一万五八九四人、行方不明者は二五六二人。いまだに仮設住宅で暮らしている方が、六万七八四人（二〇一六年一月現在、復興庁まとめ）という数字を見るだけでも、被災地の問題は今も続いているとわかる。一人ひとりの方が普通の暮しができるように、国や地方自治体はもちろん、みなの努力がまだまだ必要だ。

そう思いながら仲間と話していると、必ず出てくる言葉がある。「あの日大きな衝撃を受けて、これから社会を変えなければいけないって思ったし、大勢の人がそう言ってたね。でも、みんな忘れちゃったみたい。忘れないつもりでいても一人では変えられないし……」。私も同じ気持ちである。

「あの日」、私はとくに科学技術について考えた。それらを発展させ、自然から離れて便利に暮らすことが進歩だと一般的に考えられてきたが、対抗できないほどの力をもつ自然が近くにあることを嫌というほど思い知らされたからだ。原子力発電所は、地震や津波を考慮せずに建設してはいけないとはっきりした。それなしに安全性を語っても無意味だ。防潮堤についても同じで、コンクリートで高い壁をつくり、力で対抗しようとしても自然にはかなわない。

科学技術を否定するつもりはない。ただ、人間は自然の中にいる生きものというあたりまえのことを忘れ、自然離れを進歩と考えてはいけない。生きもの研究が専門の私は、長い間このように考えてきたが、そうではない社会の動きを変えられないという無力感も抱えていた。

これで変わる。「あの日」はそう思った。しかし結局変わらなかったと、無力感がふくらんでいる。たとえば防潮堤。先日福島県いわき市の海岸で、海がまったく見えず潮の匂いも感じさせない巨大な防潮堤を目の当たりにした。地元の人は、日頃海が見えなければ危険の察知はむずかしいと嘆いていた。被災直後、私は樹木を生かした「森の防潮堤」の提案に関心をもった。その後、強度、樹木の育成・維持などの問題点が指摘され、そのままでは実現がむずかしいことが見えてきたが、その考え方まで捨てることはない。

住む人々の暮しと、それを支える町づくりがあってこその防災だ。緑とコンクリートを対立させ、巨大な防潮堤をつくってしまうのは明らかな間違いだろう。さまざまな分野の専門家の知恵を生かし、時間をかけて考えれば、地域の自然に合った答えが見つけられたのではないかと残念だ。新しい方向を探ることをやめてはいけない。

原発の事故処理についても考えさせられる。事故時にこそロボットが活躍するだろうという期待は裏切られ、防護服に身を固めた人の力に頼る他ない状況に、科学技術立国の偏りを感じた。汚染水処理もすっきりしない。廃炉へ向けての作業で、新技術を用いて二号機の炉心溶融がやっと確かめられたが、落ちた燃料の所在はまだわかっていない。放射性降下物については、田畑や森林とそこで育つ作物・家畜の汚染の解明に研究者の努力が続けられており、正確な情報を通して住民の健康を守る実例にしてほしい。

技術ありきでなく、自然とそこに暮らす人から始まる技術にしよう。社会の変化の第一歩をここに求めたい。

（二〇一六年三月九日）

2 生きものたちからの提言——ふぞろいをよしとする社会へ

科学の過信を捨て、着実な一歩から始めよう

長い間、「科学」の分野で過ごしてきた者として、三月一一日以来の三カ月余りは、頭の上に重しを乗せられたような毎日であり、当分この状態が続くのだろうと覚悟している。専門は生物研究であり分野は違うが、原子力は社会での科学のあり方を考えるとき、いつも心にかかっていることだからである。

魅力的な基礎科学としての核物理学が、第二次大戦の中で原爆という恐ろしい武器の誕生につながった。その開発には、一流の研究者が関わり、そして現実にそれが落とされたのは日本だったのである。戦後の日本が、非核三原則、つまり核兵器は「つくらず、持たず、持ちこませず」という基本政策をとったのは、放射能の恐ろしさを実感した国民としては当然のことである。

しかし一方で、核エネルギーを制御しながら活用する原子力発電には積極的に関わった。平和利用という言葉に夢を託してきたのである。ただ、この技術は放射性廃棄物を生みだし、その処理法は単なる封じこめ以外になく、技術の常識として納得のいくものとは言えない問題を抱えていることを忘れてはならない。それでも、エネルギーを取りだす部分に関しては、十分な安全性を保つシステムがつくられてきた。

そして私の中には、日本の技術者であれば安全を保障してくれるだろうという信頼があった。原発は絶対安全であるという信頼ではない。さまざまなレベルの危機を想定し、それらへ対応できる技術をもち、それを誇りとして仕事をしている人々がいると思ってきたのだ。その根拠は、実際につきあっているエンジニアの考え方や仕事ぶりである。客観的数字を示せと言われれば、それはないと言わざるを得ないのだが。

ただ白状するなら、小泉政権以降、原発に限らずあらゆる場面で技術の現場がどこかおかしいという気はしていた。企業を含めてさまざまな組織から、気持ちのよい信頼が失われているという感じが出はじめてはいた。しかしそれでも、世界のどこかで原発事故は起きるかもしれないが、それは日本ではないと思っていたことは否めない。

それが、この三カ月余の事態である。打ちのめされたとしか言えない。現場での努力に期待し、この見えない敵との闘いに収束の目途が立つことを願いながらも、自分の甘さに収まりようのない苛立ちを感じている。科学や科学技術に関わる者が、本質を見つめるところから離れているという事実に向き合い、謙虚に、足元を見て着実に歩むという基本に戻らなければいけない。子どもたちに本当に暮らしやすい社会を渡すためにも、それを肝に銘じなければならないと痛感した。

脱原発と一言で片づけてしまうのではなく、原発について徹底的に見直しをする必要がある。ドイツ、スイス、イタリアなどの脱原発の動きは、世界からもその技術力を信頼されていた日本で起きた事故ゆえと受けとめ、原点に返らなければならない。誠実で着実に事を進める国であるという信頼を保ち続けるために、いや私たちが日本人として誇りをもって生きていくために、自分を見つめ直し、目の前の利益や便利さを求めるのでなく、本当に必要で大事なものをつくりだすための一歩を踏みださなければならないのだ。

（二〇一一年六月二〇日）

被災地の医療復興の危うさ

政府は七日、一二兆円規模の二〇一一年度第三次補正予算案を閣議決定した。九月三〇日には、二〇一二年度の一般会計予算の概算要求が締めきられたと報道された。こちらの要求総額は九九兆円で過去最高とある。

国民の一人として、国家予算の行方はつねに気にしていなければならないことは承知していても、正直に言ってこれまではそれほどの関心をもってはこなかった。しかし、今度ばかりは、国の予算が東日本大震災の復旧、さらには未来志向の新しい社会づくりに使われなければならないと思い、得意でない数字を眺め、出されている要求に目を向けている。この苦しい経済状況のもとに増税が行なわれるのなら、そのお金は決していい加減に使われてはいけないという強い気持ちもある。

震災関連の要求に目を向けると、まず、土壌除染や廃棄物処理、児童生徒の放射線被曝防護など原発事故関係がある。これは、一刻も早く進めてほしい項目である。また、鉄道など公共交通の復興支援や被災農家や漁業の経営再開・再建なども重要事項だ。これらについては、それぞれの地域に合った最適な対応をし、使い勝手をよくしてほしいと望むが、個別の要求の是非は私には判断がむずかしい。

そのうち、私が内容を検討できるのは医療関係のものだ。たとえば、第三次補正予算案に対して東北大学から出された、「東北メディカル・メガバンク構想」を目にした。内閣官房の医療イノベーション推進室で高く評価されているとあった。具体的にどのような形で予算要求につながったのか（またはつながらなかったのか）はわからないのだが、とても気になったので考えてみたい。

今、東北地方の医療サービスに多くの問題が生じているのはだれの目にも明らかだ。病院が閉鎖されて困ったとか、仮設住宅から病院が遠くて通えないという声が伝わってくる。人命に関わることであり、全体像をつかんで一刻も早く通常の医療ができるよう、全力を注ぐ必要がある。その場合、できることなら単なる復旧でなく、患者一人ひとりに向き合う姿勢と専門性の高い高度医療とがともにある良質の医療システムが求められる。地域医療のモデル地区をつくってほしいのである。

ところが、ここで提案されている構想は、患者自身でなく、「患者のゲノム（全遺伝子）情報」で一人ひとりに向き合おうとしているのだ。それを、診療時に得られる患者の情報や血液などのサンプルの保管と組み合わせた新しい複合バンクと言っており、長い目で見れば役に立つだろう。しかし、ゲノム情報の蒐集が緊急な患者への還元につながるとは思えない。この構想は、一見未来を見ているようであるが、東日本大震災によって身に沁みて感じたはずの、自然を生かし、足元を見つめて生きることの重要性という教訓を生かしてはいない。

東北大学を非難するものではない。ただ、今こそ科学技術に関わる人に発想の転換が必要であり、大きな予算で自分の仕事を進めることを優先するのではなく、本当に社会に必要なことのために行動してほしいと思うのである。どの提案もそうあってほしいと願い、一つの意見として あげさせていただいた。

（二〇一一年一〇月一七日）

地方から提案する新しい暮し

現代社会は想像力に欠けているのではないか。そう感じることが少なくない。連日スカイツリーでわいている東京の夜は、昨年の今ごろに比べてかなり明るい。昨年三月の東日本大震災を体験し、電気はおのずと生まれてくるものではないことに気づいたはずなのに、それにしては節度に欠けているように見える。

二〇一一年三月までは、終夜にぎわう街を歩く人々は、その明るさを支える電気がどこでどのようにしてつくられているかを考えずにいた。わが国の電力の三〇%程度を供給してきた原子力発電所が設置されている地域の人々の生活を思いうかべることはなかった。帰宅困難などの体験をして初めて、大都会での暮しが多くの見えないものに支えられていることに気づいたのだが、この体験も時とともに風化しているように見える。これは自然の力の大きさと現代文明のもつ脆弱さとを示したものとして、本質を考える必要があり、風化させてはいけない。人々が楽しめることは大事だが、明かりの使い方をもっとおちついた生活につながるものに変えていく工夫をしたいものである。

想像力をはたらかせて、現代社会に関わる多くの見えないものを見るようにし、これからの社会を考えなければならないのである。最近の研究から、想像力こそ人間に特有の能力であることがわかってきた。見えないものを思い、よりよいありようを考える力だ。放射能、過去や未来、人々の心など、さまざまなものに思いをいたし、暮らし方を考える必要がある。

その中で原子力発電について考えると、まず事故を起こした福島の発電所の処理がある。とくに四号機は、使用済み核燃料が開いた場に置かれているので、強い地震が起きたらとんでもないことになる。

この状況では当面、原子力発電所を動かすことはむずかしかろう。しかし、脱原発と声をあげているだけでは事は解決しない。エネルギーの使い方を考えなければならない。産業界は、一九七〇年代以降エネルギー問題を真剣に考え続けてきたはずである。産業界並み、いや、それ以上に考えていかねばならない今後の課題は、単なるエネルギー問題ではなく私たちの暮らし方であり、街のありようである。日本のこれからを考えるにあたって、一極集中し、高層ビルを建てることによる効率化が最もよいエネルギーの使い方なのか、と問うことから始めなければならないと思う。

今、多くの人が脱原発の方法として再生可能エネルギーの利用を提案している。このエネルギーはどこにでも広くあるもので、それゆえに、その性質を生かさなければ有効には使えない。太陽、水、風、地熱、バイオマス（生物資源）など、どれをとっても地域による特徴があり、その場に合った利用をしてこそ意味がある。エネルギーとしても電力としてだけにこだわらず、熱や力として利用することが必要になる。住居の屋根に太陽光利用の温水器を置くなどという小さな形の利用こそ、自然エネルギー利用の本質である。人間自身が各地に広く存在し、生活する状況をつくりだすことが、自然エネルギー利用の前提である。

東京が人口一千万都市になったのが一九六二(昭和三七)年、今からちょうど五〇年前である。以来ふくらみ続け、一極集中が合理的とされた。しかし、答えは、合理性だけにあるのではない。しかも、災害や事故への対処も含めての生活の質を考えると、合理性からの判断をしても一極集中という答えが出るとは思えない。新しい暮らし方を想像し、そこでの豊かさを求めることをせずにただ脱原発を求めるのもよい答えにはつながらない。一極集中ではない暮らし方は、自然の一部である人間にとって心地よいもののはずだと思うのである。東京の人々に発想の転換を求めたいが、具体化には、まず地方からの提案で新しい流れをつくることが重要だと思う。

(二〇一二年五月二八日)

ふぞろいをよしとする社会へ

四季に恵まれている日本列島での暮しは楽しい。とくに季節の変わりめにそれを先取りするような感覚をもったときはうれしいものだ。毎日の暑さに疲れ気味の肌にソヨと吹く風が冷たさを感じさせてくれたとき、秋を見つけた気分になる。毎年のことなのに、いつも新鮮な感覚で受けとめられるのが自然のありがたさである。

季節感としてとくにうれしいのが食べものだ。近年は、スーパーマーケットに一年中トマトやキュウリが並んでおり、野菜の季節感は薄れてきたが、果物は季節を語ってくれる。秋になると、まず梨が登場する。今年の梨はとても甘く、おいしい。ところが、産地の友人によると、「今年は例年に比べて小粒で、表に黒い点が出たりしてちょっと困っています。猛暑のおかげで甘味も水分もたっぷりでいつもよりおいしいのですが、商品としては……」なのだそうだ。大事なのはまず味だろうに。

山田太一氏脚本の「ふぞろいの林檎（りんご）たち」というテレビドラマが人気をよんだのは、二〇世紀の終盤だった。一流とは言えない大学に通い、学歴が恋愛や進路に影を落とすことに悩みながら、それを乗り越えようとする若者たちを描いたものである。山田脚本はもちろん、ふぞろいでいいじゃないですか、というメッセージを出したのである。

人間ももちろんだが、りんごそのものもふぞろいでよいだろう。工業製品は規格にピタリと合っていなければ困るし、機械は同じものを大量につくることが得意である。二〇世紀後半、家中に規格に合った工業製品があふれるようになってくるにつれて、私たちの考え方も規格をよしとするようになり、それを自然の産物、さらには人間にまであてはめるようになってしまったのではないだろうか。

本来私たち人間は生きもの、つまり自然の一部であり、とくに日本人は最初に述べたように、自然の中にあることを楽しむ価値観をもってきたはずなのに。自然は本来ふぞろいなものであるというあたりまえのことを認め、少々小ぶりだとか、黒い点がとんでいるくらいのことで商品価値を下げてはいけないはずなのにである。

東日本大震災で自然の力を知ると同時に、その力の大きさのもとでの科学技術の使い方を考えると原子力発電所は危険が大きいと感じた人々が、反原発運動を起こしている。そこで、太陽光・風・水など自然エネルギーの利用への関心が高まっているが、この場合にも同じことが言える。原子炉の中では一定の速度で反応が起き、一定の力が出てくるけれど、太陽や風や水などの自然はそうはいかない。たとえば風力の利用は、あるとき猛烈に吹くかと思えばピタリと止まる、いわば気まぐれな風に合わせる他ない。

反原発の運動が、危険なものは避けたいという発想だけに基づいているとしたら、事は解決しないだろう。一人ひとりの価値観を、機械のように画一的なものをよしとするところから、自然・生きもののもつ多様性をよしとするところ（ふぞろいこそ結構ということ）へ移さなければ答えは出てきはしない。まず、曲がったキュウリ、形の悪い梨がスーパーマーケットに並び、みながあたりまえにそれを買っていく社会へ向けて動きだすことである。

（二〇一二年九月二四日）

暮らしやすさへの道

政権が交代した。比例代表での自公両党の得票率は、大敗した前回とあまり変わっていないという数字にふしぎな気持ちになるが、国民の選択として真摯に受けとめたい。それは新政権の政策を自分のものとして考えることである。

顕著なのは、経済を成長させ、デフレから脱却するという経済政策である。金融緩和の宣言で早速円安、株高の動きが出て、すばらしい！となっているようだが、そこからは普通の人の生活のありようは見えない。かつて新自由主義を打ちだし、自己責任を唱えて格差を拡大したことが現在の暮らしにくさを生みだしたのだ。それが解消されないまま、再び同じような政策がとられてよいのだろうかと疑問に思う。

「コンクリートから人へ」という言葉は、具体的政策をあまりもたないまま唱えられたために実現もされず、今では口に出すのも恥ずかしいという空気になってしまった。しかし、二一世紀の社会が求める暮らしやすさへの道としては、この選択があることを忘れてはならない。生活の基本はお金ではなく、人間、自然、そこで生まれた文化や歴史であるという立場である。経済はあくまでも生活を支えるものであって、過度な金融経済でお金だけが動き、それが生活に結びつかないのでは、百害あって一利なしである。

日本社会を活力と品格のあるものにしてきた担い手は、いわゆる中間層の人たちである。この存在を大事にしてこそ、日本は特徴ある国になるのである。一九九九年の労働者派遣法改正（人材派遣の対象業務を原則自由化）で職場は不安定になり、給与も抑えられた。厚生労働省が労働経済分析で、「分厚い中間層の復活に向けた課題」という副題を用いていることからも、この問題の重要性はわかる。そこには、「一九九三〜二〇一一年を通じ、一般労働者、パートとも給与が伸びないなか、パートの比率上昇が給与総額減少の最大要因」とある。

現在働く人の四〇％近くが、所得が不安定な派遣・契約社員やパートで占められている。この状況で未来を考えるのはむずかしい。研究という私の身近な分野でも、特定のところにお金が集中し、研究全体を見ると若い人々の不安定な状況が見えてくる。まず基本は人間であり、若い人々が明るい未来を思える状況をつくることが重要である。

そして自然である。阪神淡路大震災から一八年。東日本大震災から二年。日本列島は自然豊かな地であると同時に、その動きが激しい地でもある。自然は美しくやさしい面と、恐ろしく破壊的なところを併せもっている。その地で暮らすには、日々自然と向き合う必要があり、日本の文化、歴史はそこでこそ培われてきたのである。

防災のための設備が、一律コンクリート型になっているのが気になる。東北地方の復興も、当初は、地域の特性を生かした市町村づくりの機会にしようという動きであった。しかし、二年たった今、現地の人々の声は生かされず、決して順調に進んでいるとは言えない。

震災直後の人々の対応でわかったように、農業や漁業に従事する現地の人には、自然とまっすぐ向き合い、その怖さは認めながらも恵みのありがたさを忘れない強さがある。この生かすべき力を中央の考えで潰しているのはもったいない。株価が上がり、為替が動けばそれでよしというのはあまりにも安易だ。

普通の人の日常が暮らしやすくなるにはどうしたらよいか。民主党は気分だけその方向を向いたが、むずかしさにぶつかっての努力はせず、権力をもつ心地よさに甘んじたために、人々の支持を失った。政権は代わっても、この難題に立ち向かう政治を求めていく気持ちをもち続け、求めていきたいと思う。

（二〇一三年一月二一日）

本当に役立つ技術開発とは

四月一五日から二一日までの一週間は「科学技術週間」だった。四月一八日が「発明の日」(明治一八年、後の特許法にあたる専売特許条例が公布された日)なので、その日を含む一週間を毎年科学技術週間としているのである。科学技術の振興を図るとともに、科学技術についての理解と関心を高めることを目的とするとあり、国の研究機関や科学館などは施設公開やさまざまな行事を行なっている。

しかし、この間の新聞には、科学技術について考える特集はほとんど見当たらなかった。米国ボストンでのテロ事件、北朝鮮のミサイル騒動など大きなニュースがあり、科学技術をどう考えるかなどという悠長な話はしていられなかったのかもしれない。

だが、このようにおちつかない状況をつくりだしていることも含めて、今こそ科学技術のありようを基本から考える必要がある。その象徴が東京電力の福島第一原子力発電所の問題である。原子力発電所の事故そのものにももちろん問題があるが、重要なのは事故処理である。科学技術立国を謳っている国として、このようなときこそ、日頃の実力が見られると期待するのが国民の気持ちである。

その一人として私が期待した一つがロボットの活用だった。ロボットの役割の一つとして、しかもかなり大きな役割として、人間が行なうには危険である作業を代替してくれることがある。放射能で汚染され、爆発によって瓦礫が散乱している事故現場は、まさにそのような場である。最先端ロボットが大活躍してくれたら、技術への感謝と拍手を送ろうと思ったのだが、残念ながら期待はずれだ（二〇一三年）。

その後何人かの方に、地面の状況がガタガタでどうなっているかわからないところでロボットを動かすのはむずかしいと教えられた。そのとおりだろう。しかし、事故現場というものは平らで滑らかであるはずがない。しかも炉内は高レベルの放射能が充満した環境で厳しい条件下であるのも、はたらきをむずかしくしている。厳しい条件であることは確かだが、予測できないような状況の中ではたらいてこその先端技術であり、ロボット開発の最重要項目の一つとして、不測のときの判断能力があるはずだというのがしろうとの気持ちである。

最近、新しい課題として登場したのが汚染水の漏洩である。現場の映像では、地面を掘った穴にビニールシートを敷いて水を保存しているように見え、これが科学技術立国の現状かと驚いた。仮設だと言われるかもしれないが、事故からすでに二年を経過しているのだ。

現場は日々の作業に追われて大変だろうが、これは単に東京電力という一企業の問題を越えて日本の科学技術者の責任である。最高レベルの対応をすべきだと言いたい。ＩＡＥＡ（国際原子力機関）調査団が四月に行なった報告に、廃炉へ向けての努力は評価するとあり、それはそのとおりなのだろう。しかし、汚染水貯水槽という外部と直接つながる部分がこの状態なのは大問題であり、調査団もそこは指摘している。

最も重要なのは事故が起きないようにすることだが、起きたときの処理はそれと同じく、ときにはそれ以上に大事だ。洗練された最先端技術を追究すると同時に、日常の現実に対応する技術にも目を向けることが、本当に役立つ技術開発であることを、この事故から学ばなければならない。科学技術週間を、国民がこのような問題を考える機会にしてほしかった。

（二〇一三年五月六日）

3　今と未来へのまなざし――日常もいのちも大切にするために

新しい社会への「総活躍」に

私の周囲では、「一億総活躍」という言葉への違和感を唱える声が多い。私も同じ気持ちである。どこかおかしい。日本には「一億」の人がいることは確かであり、それぞれの人がそれぞれに活躍できる社会にしましょうというのなら結構だが、ここでは、この「それぞれ」が無視されている。活躍が、自分がやりたいと思うことを思う存分やれるという意味になっていないのである。

ここでとくに期待されているのが女性の活躍である。労働人口減少の埋め合せのように言われるのは気になるが、女性であるというだけで、やりたいことができないのはもったいないので、女性が働きやすい社会になることは望ましい。制度はもちろん、社会の空気をその方向にもっていきたいものである。

そこで、女性の活躍という視点から「総活躍」に感じる違和感は何か、本当の活躍はどうあってほしいかを考えてみたい。

「メス」の感覚

近年、グローバル社会の名のもとにアメリカをリーダーとする金融資本主義の中で、激しい競争社会に勝ち抜くことが求められてきた。小学校で英語とコンピューターを必須とし、株の動きがわかる国際人を育てるという話もある。だが、実際には格差が拡大し、給食がないとまともな食事ができない子どもの増加という、思いもよらない状況を生みだしている。これが豊かな社会とは思えない。

五年前に起きた東日本大震災と福島第一原子力発電所の事故は、経済優先に伴う科学技術開発の問題点を明らかにした。日本列島のもつ豊かな自然を生かし、一人ひとりを大事にする暮らし方を探らなければいけない。あのとき、多くの人が思ったのではないだろうか。とくに小さな子どもをもつ母親は、未来を思い、社会のありようを考えた。五年たった今も災害の影響が多く残っており、いまだに仮住居生活を強いられている人々がいるのに、なぜか社会はそれを忘れてしまったような雰囲気になっている。そんな中での総活躍のかけ声は、新しい社会づくりを意識してのものではない。そこに違和感を感じないわけにはいかないのである。

政府は総活躍社会の実現のため、「国内総生産（GDP）六〇〇兆円」「希望出生率一・八」「介護離職ゼロ」という目標を打ちだしている。結局、これまでと同様に経済成長を支えるための仕掛けだと思われる。競争社会で地位や名声を得たり、権限を握ったり、あるいは政界へ参画するといった「華やかな活躍」のみが求められていないだろうか。現実には、そうした路線が暮らしやすい社会につながってはいないのである。

高市早苗総務相の「放送局が政治的公平性を欠く放送をくり返したら、電波停止を命じる可能性がある」という趣旨の発言は支配を思わせる。丸川珠代環境相は、福島第一原発事故への対応として国が示している被曝線量の長期目標、年間一ミリシーベルト以下を「何の科学的根拠もない」と言い放った。撤回はしたが、五年もの間苦しんできた人々の気持ちへの配慮がまったくない。

たまたま最近気になった二人を例にあげた。このような発言に男女の区別はないだろうが、女性らしいしなやかな感覚が生かされていないように思えた。生物学を勉強した者としては、「メス」のもつ生きることを大切にする生活感覚こそが、大げさに言うなら人類という種の存続を支える大事な力だと思うのである。

日常を豊かに

競争社会に勝ち抜くことだけを活躍と位置づけるのをやめて、日常を豊かにする仕事を評価する社会を探ることこそ大事である。一億総活躍というかけ声のもとでの女性の力を考えるとそう思う。もちろん企業や政界で新しい波を起こす役割も必要だが、それと同じく地域や小さな組織で生活の質を高める仕事も重要である。たとえば農業は、男女の協力で、安全でおいしい食べものをつくる大事な活躍の場である。近年、若い女性の農業への関心が高まる動きは、新しい流れをつくろうとする気持ちの表れであり、自分自身や家族の生活の質を高めたいという思いでもある。

総活躍の内容を、新しい社会の流れをつくるものとしていくためにこそ、女性の力を生かしたい。社会の支援もその方向へ向けてほしいと願っている。

（二〇一六年二月二一日）

「戦争のない社会」に軸足を

連休が明け日常に戻った。新緑が美しいこの季節の休日はありがたい。家族や友人と旅行を楽しんだり、家でゆっくりと休養をとったりとそれぞれに過ごされたことだろう。私の場合、普段は外での仕事が多いので、毎年この時期に家事をこなすことになる。主として衣替え。四季があるのはうれしいのだが、季節に合わせて、衣服はもちろん寝具やスリッパなどの日用品まで替えなければならないので忙しい。実は例年、ここは休日としてしか受けとめておらず、端午の節句に菖蒲湯や柏餅を楽しむ程度で、それぞれが何の日であるかをあまり考えずにきた。

被災者の実感

今年は少し違った。まず、四月一四日に始まった熊本地震が、五月に入っても収まらず、休みをとりながらも被災地のことを思わずにはいられなかった。数人の知人は、電話の向こうでわが家は大丈夫と元気な声を聞かせてくれた。しかし、「娘のところは家が壊れてこちらへ疎開してきています」と、戦争を体験した同世代らしい言葉で教えてくれるなど、被害と無関係な人はいなかった。東北地方もいまだ被災地とよぶ他ない。日本各地で自然災害が起きていてつらい。直接応援に出向くことはできないけれど、忘れずにいること、機会を見つけて小さな応援をすることは続けたい。

さらに、五月三日、四日、五日それぞれが、憲法記念日、みどりの日、こどもの日であることもかなり意識した。とくに憲法は公布から七〇年、改正を具体的に考える動きが大きくなっているのが今年の特徴であり、改めて憲法とは何かという基本から考えることになった。国際社会の動きがあるたびに、とにかく国民を守るためには国の力が必要という言葉がとび交う。熊本地震でも、緊急時の政府の権限などを定めた緊急事態条項について、「このような緊急時に、国家、そして国民自らがどんな役割を果たすべきかを、どう憲法に位置づけるかは極めて重く、大切な課題である」と菅義偉官房長官が語った。災害対策は重要だが、ここで憲法をもちだすのは災害を憲法改正の契機にしようという動きとしか思えない。被災者の、現場での判断が重要という実感とかけ離れた対応である。

改憲をめぐり、憲法の専門家からさまざまな意見が出され、複雑な九条の解釈のしかたが示されると、頭が混乱してくる。ここは、日本の基本は「戦争のない社会をつくること」であり、そのために世界の中で大事な役割を果たすことが重要というところに軸足を置いて考えていこうと思う。摩擦の解消法として戦争ほどばかげたことはないのは明らかであり、人類の存続を考えるなら、戦争などしている暇はないと考えるのが当然だろう。そんなときに、国のありようを戦争へと向かう方向に変える必要はない。これが生活者の実感である。国際政治、外交、経済など、めんどうな事情が多々あることはわかるが、戦争はばかげているという前提を崩さずに解決策を探る他ないのだ。

自分で考える

子どもの問題も、保育園の待機児童の解消やひとり親家庭への経済支援など、社会が行なわなければならない喫緊の課題が顕在化している。子どもは宝という言葉があたりまえのこととしてあるようにするには、親の働き方、経済格差など考えなければならないことがたくさんある。社会として何を大切にするかという優先順位を日常感覚でつけていけば、やはり一番は人間だろう。なかでも未来へとつながる子どもがのびのび生きられることが大切だという答えが出る。そこで軍事費より子どものための予算を、となる。

今、必要なのは、一人ひとりが自分の頭で考えることである。社会はだれかがつくってくれるものではなく、自分がつくるものだという気持ちで毎日を送ることである。そのとき、おのずと大切になるのは、身近な人のいのちであり、幸せなのではないだろうか。

私もセーターの洗濯や植木鉢の植え替えをしながら考えた。そしてまず、高性能の科学技術兵器をつくってしまったこの時代、子どもたちのためにも戦争はしないという選択をする人であり続けること。さらには、日常もいのちも大切にする社会にすること。これが生活者としての私の決心である。

（二〇一六年五月一五日）

V 科学と感性

1　科学とは「問い」を立てること

「知りたがり屋」が自然について考える

科学とよばれる分野を五〇年歩んできて振り返ってみますと、最初は狭い意味での「科学」に惹かれたのですが、だんだん、「生きていること」を考え、「生きもの」を見ることがおもしろくなりました。今ではそれは、地球がおもしろい、宇宙がおもしろいと思うまで広がっています。宇宙論の佐藤勝彦先生と話していると、互いに違うことをしている気がしません。

子どものころはだれでも、「なぜ生きものは死んじゃうの？」などと本質的なことに疑問をもつものです。自分が生きていること自体がふしぎだし、回りにいる生きものもふしぎだし、お星さまを見てもふしぎだし……。人間とはどんな生きものか端的に定義づければ、「知りたがり屋」だと思います。人間はもともと、「知りたがり屋」として生まれてきました。

子どものころにだれもがもっていたそういう一面は、おとなになるにつれて失われます。そんなことばかり考えていては生活できないからでしょう。しかし研究者となると、「知りたがり屋」で暮らせる。それが幸せで私はこの道を歩いてきました。

生きているとはどういうことだろう。宇宙とは何か。こんな問いに対して、自分が生きているうちに答えが出せるとは思っていません。しかし考え続ける。今では、「科学」を分科した一つの分野としてとらえますが、科学つまりサイエンスは、「自然について考える」ことに他なりません。

自分一人で考えていても、そんな複雑で大変な問題に取り組めるわけがありません。そこで先人が解明してくれたことを参照し、それをベースに考える。だからもちろん勉強は必要です。しかし、知識を学ぶことだけが科学ではない。自分で見て考えることが科学です。

科学は「答え」ではなく、永遠の「問い」のかたまり

最近の風潮でとても危惧するのは、社会のあらゆるところで「考える」ことを消しているように思えることです。科学は「科学技術」になり、科学者とは「自然について考えぬく」人ではなく「社会に役立つものを生みだす」人になりました。そして大学も、そうした人を育てる教育機関になっています。もちろん、役に立つものを生みだす人が必要なのは当然です。それ自体を否定しません。科学技術も重要です。

しかし、大学とはそもそも「すぐに社会の役に立って、お金儲けができるようなことではないけれど、先を見通してじっくりゆっくり考えることが許される場」ではないでしょうか。それなのに、今はすぐ、「答えを出せ」「成果をあげろ」と要求します。

「生命とは？ 宇宙とは？」といった問いに、これで終りという答えが出るとは思っていませんが、それを最後の最後まで考え続けたい。その途中で少しずつ、小さなことでもわかればうれしい。そういう思いで科学という分野を選ぶ若者は、かつての私がそうだったように、いつの時代も変わらずにいると思うのです。それが、「知りたがり屋」の人間の本性ですから。

ところが今の社会は、科学者に対して性急に「答え」を求めます。「頭の回転が速いとはどういうことでしょう?」「脳のこの部分の血流が上がることです」「そのためにはどうすればよいのですか」「これこれこういう訓練をしましょう」――こんなもの、科学への問いでも答えでも何でもありません。

それは科学者もわかっています。わかっているけれど、答えを求められて回答しなければ研究費が出ません。だからしかたなく、「この遺伝子がわかると、この病気が治ります」と言ってしまうのです。

「こんなことがわかりません」「これを考えたいのです」。こう言えないために科学の回りには今、嘘がたくさんあります。たとえば「五年で役立つ成果が出ます」などと。子どもたちの「理科離れ」より、おとなの社会のこの傾向のほうがよほど大きな問題です。

科学は「問いのかたまり」のはずなのに、性急に答えを要求されるものだから、その場限りの嘘をつかざるを得ません。そうしているうち、社会のあらゆる場から「じっくり考えること」が消えていきます。

もし日本が「これまでの科学」ではなく、「これからの科学」をめざしたいのなら、これをやめないと、そのうち大変なことになると思います。

「生まれ出づるもの」として自然を見る

ガリレイ、ニュートン以来の近代科学を支えていたのは機械論的世界観です。ある一定のモデルを想定し、「こうすればこうなる」と因果関係を考え、「答え」を出してきました。「できあがったもの」を一つひとつの要素に分解し、その部品同士の因果関係を調べ、「できあがったもの」のしくみを解き明かすこの方法論は、すばらしく有効でした。自然の成り立ちのある部分はそれで解明され、その成果が今の科学技術を生みだしたのです。

しかし自然の成り立ちは、そうした因果関係だけですべて解明できるわけではありません。一九世紀末から二〇世紀初頭にかけ、ハイゼンベルク、シュレディンガー、ボーア、アインシュタインといった物理学者たちが、量子力学や相対性理論を打ちたて、そのことに気づきました。ハイゼンベルクやシュレディンガーは「生命」や「意識」について語っています。機械論的世界観のもとで因果関係をつきつめ、物質を素粒子まで分解し、統一する力を発見したら、自然の成り立ちがすべてわかるのであれば、物理学者があえて「生命とは」「意識とは」といった問いを立てるはずがありません。

生命や意識は「できあがったもの」ではなく、「できあがりつつあること」、もしくは「生まれ出づるもの」。つまり、明らかに二〇世紀初頭の段階で、科学の最前線が立脚する世界観は、機械論的世界観から生成論的世界観へ――私の言葉を使わせていただくなら「生命論的世界観」へと移行していたのです。

ところで、今の科学技術は機械論で動いています。ですから現在、科学と科学技術の間には大きな隔たりがあるのです。にもかかわらず、日本では科学を科学技術のカテゴリーに押しこめました。一九九四年に成立した科学技術基本法がそれです。私はこの法律のもとでできた学術審議会で、「科学を科学技術に押しこめるのは間違っている」と主張しましたが、受けいれてはもらえませんでした。

機械論による科学技術は、便利にしたいという人々の要求に応えてきました。そのことは否定しません。しかし、便利さだけを求め続けてよいのか、と問いたいのです。二〇世紀の初頭からの科学を深めれば、それとは別の新しい科学技術を生みだす可能性もあるわけです。

たとえば、二一世紀の人類が直面している地球環境問題は、多様な要因が複雑に関係しています。「こうすればこうなる」という一対一の因果関係だけでは、答えはおろか、実態を正確にとらえることすらできません。「できあがったもの」として自然を見る機械論的世界観ではなく、「できあがりつつあること」もしくは「生まれ出づるもの」として自然を見る、生成論的ないし生命論的世界観に基づいた価値観をもつ社会をつくり、それを支える科学技術を生みださなければ、地球環境問題は解決できないのではないでしょうか。

五〇年先のためにじっくり考え続ける

日本では、科学技術の中に科学を押しこめ、知的な芽生えを摘んでしまっていることが、ある種の閉塞感を生んでいるような気がしてなりません。研究者はつねに短期的な成果を求められ、ゆっくり考えている時間がなく、その場に合わせた答えを出す。つまり、科学の求める知的な状況が壊れてしまっているのです。

最近の世の中は、金融経済を軸にすべての物事を動かそうとして、知的な追求ができる状況が狭められています。私は金融経済のことはわかりませんが、人間が金銭欲や権力欲のかたまりであることは歴史を見れば明らかです。他人を出し抜いて自分だけ勝ち抜きたい。そんな欲望を適度に抑制するのが人間の英知だったはずなのに、それを放置したらどうなるでしょう。

お金はなくてもよいから、時間がほしい。子どものころから考えていた答えのない問いを、考えさせてほしい。そんな科学者は片隅にも存在し得なくなります。

度を越した非常識は困りますが、科学者は多少の世間知らずを容認されてもよいのではないでしょうか。金銭的報酬は少ないけれど、五〇年先のために、今の社会がどう動こうと、じっくり考え続ける。それが許される科学者はマイノリティでよいから、存在させてほしい。なぜなら、先に述べたように二一世紀の新しい科学は、そうした研究から生まれてくるはずだからです。

今の社会は、そんな科学者を存在させておく余裕すら、なくなってしまったのでしょうか。だとしたら、この先の科学に未来はないし、ましてや「文化としての科学」など望むべくもありません。

文化や知は先取りが命です。他と同じことをしていたら、それは文化や知ではない。同時代には理解されにくい宿命。それは科学という分野にもあります。

論文という楽譜を演奏するホール

ＪＴ生命誌研究館をつくるとき、私は「科学を演奏するホール」にしたいと考えました。博物館とはまったく違います。

ベートーベンが『交響曲第九番』を作曲したとき、彼の頭の中では音楽が鳴っていたでしょう。専門家がその楽譜を見れば、やはり頭の中で音楽を鳴らせます。でも私が『第九』の楽譜を見ても無理。だから演奏家が必要なのです。

科学者が論文を書きました。同業者の論文なら理解できます。でも、他分野の論文はわかりません。ましてや、科学の専門家でない人が科学の論文を読んで、理解するのはむずかしい。ところが科学は論文を最終成果物として出しています。それで終りです。これでは文化として社会に存在することはできません。

科学も、論文という楽譜の演奏まで行なって終えるのが本来の姿のはずです。

世の中には音楽が好きな人も嫌いな人もいます。クラシックが好きな人もいればジャズが好きな人もいます。演奏家は「すばらしい作品だから、嫌いな人も一生懸命聴きなさい」とは言わず「一生懸命表現しますから、お好きな方はいらして楽しんでください」という気持ちで楽しい場をつくるのではないでしょうか。それが文化というものです。

なぜ科学だけが「科学離れを食い止めなくては」と、関心のない人まで連れてこようとするのでしょうか。

ＪＴ生命誌研究館で取り組んできたことは、今はやりの「サイエンスコミュニケーション」ではありません。「科学を表現する」ことです。表現しなければだれも見てくれません。楽器を工夫したり、ホールを工夫したり、音楽は表現することに対してはかりしれない力を注いできました。

では、科学はどうでしょう。ゼロです。表現することに何の工夫もしてきませんでした。表現に力を入れなければ、科学が文化として社会に存在できるはずがありません。

図 5-1　JT 生命誌研究館（大阪府高槻市）にある「生命誌の階段」
1 段が 1 億年。38 億年の生きものの歴史を足でたどり、永い時間を実感できる。

それで「科学を表現してみましょう」と若い人たちによびかけ、試行錯誤を重ねてきました。表現ですから、ご覧になった方がおもしろいと思うかどうかは、受けとめ方にもよるし、こちらの技量の問題もあります。音楽は歴史的にも人材的にも表現の蓄積が豊富です。言い訳めきますが、私たちはゼロから始めているので、少し稚拙でも長い目で見ていただきたいと思います。私たち自身が楽しんでいる気持ちがそのまま伝わり、来館してくださった方も楽しんでくださるとうれしい。そう願って科学の演奏をしています。

世界の「外」にいる科学から、「中」にいる科学へ

生命誌研究館二階ギャラリーにある、「生きもの上陸大作戦」という新展示を例にお話しします（二〇一〇年）。五億年前、住み慣れた海から陸へと進出した生きものたちの「絵巻物語」です。DNA解析や化石のデータを総動員した研究によって、植物、昆虫、脊椎動物の順で上陸したことが、最近明らかにされました。また、それぞれの中で最初に上陸した種は何であるかも、DNA系統樹の作成などでわかってきました。ほぼ確信がもてる状況になったので、この成果を演奏しようと思いたちました。

三〇数億年間海の中にいて、そこから陸へと進出して以来の五億年で爆発的に進化した生命。その歴史を調べてみると、なぜ恐竜が一億年も君臨できたのか、登場してから二〇万年ほどにすぎない人類が、今、どのようなところにいるのかなど、いろいろと興味の尽きない「問い」が立ちあがってきます。

海中のほうがはるかに暮らしやすかったのに、あえて上陸という挑戦をした生きものは、その後の五億年の間に五回もの絶滅（そのとき繁栄していた種が消える）を体験しました。ここで生きものの歴史は、地球の歴史との関係として考えなければならないことがわかります。この展示では、それをていねいに描きました。論文をもとに、五億年前の上陸の様子を描く。だれも見たことはないのです。担当者は考えあぐねた末に、近くの川原へ行って寝転び、上陸する生きものの気持ちになって構図をつくりました。

こうして描いた五億年間の生きものと地球の関係を見ると、私たちの生き方が見えてきます。海の汚染を例に考えてみます。

海を「大量の水」としか見なければ、「少しくらい汚染物質を流しても、やがて薄まるだろう」という発想になります。

ところが海を、五億年前に生命が上陸した「命のふるさと」と見るならば、そう簡単には考えられません。生きものがいる場として考えたとたん、いったい何がいるのかもまだ完全にはわかっていないし、互いにどういう関係にあるのかもわからない。きわめて複雑な要因の関係性を解き明かさなければ、ある物質をその海域に流してよい、という判断はできないとわかります。地球と生命との長い関係として考えて行動を決めなければなりません。

海の外に立って海を見るのか、海の中で海を見るのか。「できあがったもの」の外に「私」がいて操作するのではなく、「できあがりつつあること」の中に私はいます。宇宙から地球が生まれ、地球から生命が生まれ、そのはるかな流れの中に「私」がいるのです。今、取り組まなければならない「これからの科学」は、こうした「私が中にいる」科学だと思うのです。

科学の演奏、つまり論文の成果を物語の形に表現することで、新しい科学にまでつなげられる。そんな夢をもって演奏を続けています。

2　科学と感性

「ふしぎを楽しむ気持ち」から

科学はむずかしいと言う声をよく聞く。とくに女性にそう思っている方が多いように思うが、それは違う。科学は、すべての事象に原因を求め、だれもが納得できる筋道で因果関係を説明するものであり、おそらくこれは、人間にとって最もわかりやすい考え方なのではないだろうか。何も原因がないのに事が起きたら怖いし、納得できる説明ができなければ不気味だ。ホラー小説やホラー映画を好む方は少なくないので（私はこれがまったくダメだ）、すべての人が因果関係をよしとすると決めつけるのは行きすぎかもしれないが、因果関係の理解が人間の認識の基本であることは間違いない。

子どものころ、私は空を飛べないのに鳥が自由に飛んでいくのは、どこかで魔法がはたらいているからだろうと思っていた。魔法使いは空を飛ぶのだから。自分なりになんとか飛べる原因を探り、絵本の中で出会った魔法使いにそれを求めたのである。小学校も高学年になると、広げた羽を空気が押し上げる浮力の存在を知り、中学に入って力学を勉強してからはそれを説明する数式になるほどと思った。

さらには、鳥と飛行機の同じところ、違うところがわかり、法則がおもしろくなってきたのである。子どものころに魔法の力がとても魅力的だったのと同じように。こうして、子ども時代の魔法はだんだん数式や化学式に変わっていき、納得のいく世界ができあがっていった。これが科学であり、こうして世界をわかっていく喜びは、子どものころのふしぎを楽しむ気持ちと私の中でつながっている。ふしぎへの気持ちを失わないためにも科学を嫌わないでほしい。

科学は理性だけのもの？

「科学」を辞書で引くと「体系的であり、経験的に実証可能な知識。狭義では物理学、化学、生物学などの自然科学」(『広辞苑』) とある。前述したように、まず物事にはすべて原因があると考えるところから始まり、それを説明していくのが科学というわけだが、子どものときの魔法での説明との違いは、実証可能であることである。別の表現をするなら「理性」に信頼を置くということである。

「理性」は、今回与えられたテーマである「感性」によく対置される。そこで通常は、理性に基づく知である科学は感性とは無関係とされる。しかし私はそう考えてはいない。子どものころのふしぎとのつながりから話を始めたのは、自然を知ろうとするなら理性だけではその像を的確にとらえることがむずかしく、どうしても感性を必要とするというところへ話を進めるつもりだからである。

おとなになるにつれてふしぎさを楽しむのでは倦き足らず、理性に基づいて因果関係を知る科学に関心が向くのと同じように、人間の歴史を見ても、最初は解けなかったふしぎを因果で説明するようになっていく過程が見られる。歴史の始まりには、どこかにふしぎな力があると考え、山や森や動物との間のやりとりを語る民話などの物語をつくっていた人類が、科学という知によって自然の物語を描きはじめるのである。それはなぜか西欧で起き、その始まりはコペルニクスの地動説とされる。人間の暮らす地球こそ世界の中心と考えてきたキリスト教社会の中で、一五四三年、コペルニクスが「天体の回転について」を著し、地動説を公表した。理性に基づけば、太陽を中心にしてその周囲を地球が動くというこの説のほうが納得がいく。しかし、カトリック教会でこの説の禁止が解かれたのが一八三五年、三〇〇年間もの長きにわたって宗教が理性による理解を認めなかったのである。

この説を支持したガリレイの場合、一六三二年に出した説は一九九二年になって初めてカトリック教会の禁が解けている。これまた三五〇年もかかったのである。「それでも地球は動く」と言いながら、年老いたガリレイは表面上、自説を曲げたとされる。しかし、ガリレイによる「自然はすべて数学で描かれている」という考え方の力は強かった。一六八七年に出版されたニュートンの『プリンキピア（自然哲学の数学的諸原理）』で提出された万有引力の法則は、りんごの落下から天体の運動までを語る科学のみごとさを示した。以来、デカルトによる機械論、ベーコンによる自然操作の考え方を背景に、理性による科学の世界が確立してきたのである。

ここでの自然観は機械論、決定論であり、まさにとてもわかりやすい世界を描いている。

ところで、このようにして理性を基盤とする科学が描きだす世界像には、もう一つの性質が与えられている。客観的であること、別の言葉を用いるなら個人的な価値観が入らない普遍性をもつことである。実はこれには問題がある。本論のテーマである感性は主観的であるわけで、それと対極の性質をもつとされることになるからである。これでは、科学は感性とはつながりようもないとする他ない。このような狭い見方にとどめることは、決して科学にとってプラスにならないだけでなく、それでは自然の理解にならないことがわかりつつある。

科学には価値観が入らないという考え方の問題点を指摘している人として、科学哲学者のマイケル・ポランニーをあげることができる。彼は、科学といえども人間の営みである以上、まったく何の価値観も入らないことはあり得ないとする。確かに天動説に対して、理性をはたらかせた地動説はより普遍性をもちはするが、世界を観る目はやはり人間のものであると言うのである。科学の世界で暮らす者なら、日常の自分たちの営為がすべてマニュアル化の方向に進められることなどあり得ず、それを行なう人間によってそれぞれ異なることを知っている。そして、当然ながら人間には理性とともに感性があり、それがともにはたらいてこそ、知的な成果が得られるのだということもわかっている。成果に再現性は保証されなければならないが、科学研究において感性がはたらくことを否定する必要はない。

さらに言うなら、私たちは科学としての事実を認めたうえで、日常は感性をはたらかせている。しかもそれは大切なことなのである。早い話が、今でも私たちは朝日は東から昇り、夕日は西に沈むと言う。私は今、京都と東京の二重生活をしており、京都の家からは東山から昇ってくる朝日が見える。私は通常六時ごろ目覚めるので、夏はすでに陽が昇ってしまっており、冬はまだ外は暗い。陽が昇るのが見えるのは春と秋である。とくに春は、それまでは暗かった朝が少しずつ明るくなってくる喜びがあり、このときの朝日には千金の価値がある。まさに「春は曙。やうやう白くなりゆく山際」なのである。

古地図を調べたら、私の暮らすマンションがほぼ、かつての平安京内裏の清涼殿の位置にあるというおまけまでつき、一〇〇〇年という時間を超えて同じ景色を眺める喜びを味わっている。一方東京では、富士山に沈む夕日が美しい。陽が落ちるとともに夕焼けの空の中にくっきりと浮かびあがるシルエットの富士のみごとさは、いつ見ても感激する。このときの気持ちはまぎれもなく天動説の中にいる。地球が太陽の回りをまわっているのだなどと理屈をこねていたら、この感激は消えてしまう。もちろん理性による理解が感性によって消えてしまうことはないことをつけ加えておく。

生命論的世界観では感性がさらに大事に

科学は理性による世界の理解であり、歴史的に見ると、それまでの世界観から抜けて新しい世界を見せてくれたことは重要である。しかし、科学が世界を機械のように見てきたこと、価値観や感性とは無縁の知をつくりあげることが不可欠とされてきたことには問題がある。そこで、前述したポランニーなどによって、それは誤った理想であるという指摘がなされるようになってきたのである。私もその考え方に賛同する。

ここで、さらに興味深いことを指摘したい。今、科学はガリレイ、ニュートンの時代を超えて新しい姿を見せつつあるということである。二〇世紀後半から二一世紀にかけて、それまでの機械論を離れ、生命論的世界観をもつ新しい科学が生まれているのである。具体的に言うなら、自然は機械のように固定したものではなく、生成するものであることが明らかになってきたのである。まず、宇宙が今から一三八億年前に無から誕生し、急速に膨張したこと、そして、今も膨張が加速していることがわかってきた。その加速が、これまでの科学では認知されてこなかった暗黒物質、暗黒エネルギーによるものであることもわかってきた。生成する宇宙の中で太陽が生まれ、地球が生まれ、そこに生命が誕生し、さらには人間が生まれ、今に続いているのである。

このような生成する自然を考えたとき、私たち人間はまさにそこに存在するものとして見えてくる。これまでは、物理的、固定的な自然の中に特殊な存在として生命が存在するととらえられてきたが、むしろ生命系のように生成する姿のほうが基本だということになってきたのである。

ここで重要なのが時間である。機械論では時間は無視されてきたが、今や時間を紡ぎだす存在として自然を観ることが必要になってきたのである。時間のあるところには必然的に関係が生じる。時間と関係とを感じることが自然の理解なのである。もちろん自然のはたらくメカニズムとそこにある因果関係を知ることは自然を知る基本なので、これまでの科学と同じように理性のはたらきが必要であることに変わりはない。しかし、最も重要なのは時間との関係であり、それは感じとるものなのである。まさに感性の出番と言える。

科学を通したゆえにより深く

感性について考えるにあたり、わざわざそれと最も遠いと思われている科学から始めたのには理由がある。すでに述べたように、科学は今や生命論的世界観で進められており、むしろその中でこそ感性が研ぎすまされるという実感が私にはあるからである。

私は、今から二五年ほど前に生命論的世界観への移行を求めて、生命誌を始めた。生命誌では、地球上のすべての生物がＤＮＡを基本物質とする細胞から成るという事実から、それらが三八億年ほど前に地球上に現れた祖先から生まれた仲間であるとしている。もちろん人間もその仲間である。三八億年という長い時間を共有し、今ここにともにある存在として見たとき、チョウもバラも単にかわいいとか美しいというところを超えた愛情の対象になる。まさに理性を基本に置いた感性と言えよう。

とはいえ、この知的な愛は、ＤＮＡを知らなければ生まれないというものではない。私が初めてこれに気づいたのは、日本の自然の中で蟲をつぶさに観察した一人の女性の物語、「蟲愛づる姫君」(『堤中納言物語』所収)を読んだときである。年齢は一三歳ほどだろうか。この姫君は、美しいチョウよりもその幼虫にこそ生きる力がある、とそちらをかわいがるのだ。完全な自然指向、眉も剃らず、歯も染めず観察を続ける。平安朝後期に自然の中に浸っていたからこそ生まれた鋭い感性と同じものが、科学を通して得られることに気づいた。それゆえに、二一世紀は「愛づる」に代表される感性を磨くことで心豊かな生き方をしたいと考えている。

3　ライフ・サイエンスを考える

技術の進歩とライフ・サイエンス

現代は、さまざまな技術革新や国際化、異文化の積極的移入、人々のライフ・スタイルの変化、価値観の変化などの複合する社会変化の様相が、明治時代初期の状況に似ているのではないかと思われます。もっとも、当時の日本には、西洋という先進文明のお手本がありました。が、今日の日本は、技術的にも世界の先進国の仲間入りを果たし、いわゆるお手本はありません。多くの意味で、柔軟な創造性による対応が求められる時代になってきています。

過去における経済成長の流れを振り返ると、最初は、物をつくる技術を中心とした一九六〇年代の大量生産の時代がありました。それが一五年から二〇年のうちに、物を使いこなす技術が中心となる状況に移り変わり、中心となる分野も、物理、化学から、人間、環境、生物を対象とする学問へと移行してきました。そして今や、生命を考える時代へ向かって進んでいます。

ライフ・サイエンス、いわゆる生命研究あるいは生命現象の研究とその知識の応用とがさかんになっていくと予想されますが、最近バイオテクノロジーが注目されはじめているのも、その一つの現れだと思います。

生物のもつフレキシビリティ

生物から学ぶこと、それは数えきれないほどあります。その中でも、魅力的な特性の一つは「やわらかさ（flexibility）」ではないでしょうか。環境に対応して変化する臨機応変さ、傷がついてもいつのまにか元に戻してしまう修復能力。それは一方では、時期悪しとみれば胞子を形成して、何年でも待ちつづける忍耐強さにもなります。このフレキシビリティは、集団、個体のはたらきから、体内の組織の機能、さらには生物をつくりあげている分子のはたらきにまで通じます。生物の性質の基本を決めていると言われる遺伝子もまた、フレキシビリティを内包しています。そして、それが生物界の特徴である多様性を生みだしているのです。遺伝子は、基本的には正確さを保ちながら柔軟性をもっています。ある法則のもとにはたらくのですが、固定化、画一化されてはおらず、本来の特性を失わずに変化できるのです。

たとえば、遺伝子のもつフレキシビリティについて、そのはたらきの一つである免疫について考えてみましょう。免疫は、遺伝子によってできる抗体がもつはたらきです。抗体の生産に関する遺伝子の種類は四種ほどあり、これらの遺伝子は、その組み合わせによってそれぞれ違った抗体をつくり、外部からの侵入物に対抗します。一生のうちに、約一〇〇万種ぐらいの侵入物があると予想されていますが、遺伝子のもつフレキシビリティとできあがった抗体分子の組み合わせによって、億を超える抗体をつくりだす能力があります。ですから外部からの多様な侵入物に対抗できるのです。

次に、形をつくる場合の例として、ゴキブリの足の再生を見ましょう。ゴキブリの足をABCDEという部分に分けたとします。この足をABCDとE、もう一本用意した足をAとBCDEに切断し、最初のABCD部分に後のBCDE部分をつないでABCDBCDEという足をつくります。すると、これだけでも通常より長いのにDとBの間にCをつくり、結局

ABCDCBCDEというとても長い足になります。BとDは隣りあうとどこかおちつかず、本来隣りにあるCを間にはさみこむことで安定するのです。

隣りとの関係が生物においていかに大切かということを示す実験です。これを「最小挿入の法則」といいます。つまり、生物的な安定は、確かな基盤の部分と、フレキシブルな部分のみごとなマッチングによって成り立っているのです。たとえ足の長さが変わろうとも、生物的安定のためにある種のムダをうまくやってそれを守るしくみがはたらいているのがおもしろいと思います。これが生きものらしさなのでしょう。

柔軟性の構造

従来、人間社会が育ててきた技術、経済を考えると、それは得てして、決まった価値観をもった固いものであり、一方向を指向するものが中心でした。それは確かに効率という面から見れば正しい方法といえるでしょう。しかし、やはり私たちの中には、ある種の柔軟性を求め、多様性を許したいと願う気持ちがあります。今日の低成長経済では多様性が求められています。その多様性を生みだすには、確固たる基本をもったうえでの柔軟性の方向を求めることが大切なのではないでしょうか。そして、そこにデザインの果たす一つの大きな役割があるのだと思います。

生物に学ぶ柔軟性の構造は、ある種のムダを上手に活用して、安定状態を維持していくものです。多様な状況に対応するためには、どうしても柔軟性が不可欠です。デザインの果たす役割は、社会が求める多様性に柔軟な対応をするための工夫の一つだと思います。モノをつくる場合も、システムをつくる場合も、組織をつくる場合にも生物のような柔軟な性質をもった対応が必要になってきているように見えます。人間の社会が生物に学ぶ新たな意味がでてきていると思います。

4 三八億年を流れるいのちの音

「生命誌（バイオヒストリー）」の仕事を始めてから、生きものから音が聞こえるようになった。「時の流れ」を歌ういのちの音が。

科学とは不粋な分野だとときどき思う。散歩の途中に道端にみつけた土筆（つくし）を摘んだり、庭にバラをつくったり、山鳥の声に耳を傾けたりする楽しさにひたり、それで満足していればよいのに、どうしても、花はなぜ咲くのかとか、同じ鳥でも啼き方が違うのはなぜかと考えてしまう。もちろん、大昔から人間にはたくさんの「なぜ」があり、子どもは「なぜ」の塊だ。だから、「なぜ」という問いそのものが不粋と直接つながるわけではない。ただ、科学はその問いに、生きものをバラバラにしてその構造やはたらきを調べるという方法で答えようという特殊な立場をとった。それが機械論、還元論である。この方法には、それのもつなんともいえぬ魅力がある。私もその中で仕事をし、新しい事実がわかる喜びを味わっている。しかし、心のどこかに何かが違うという気持ちもあった。

そうこうするうちに、還元の極とも言えるDNAを徹底的に調べた結果、「ゲノム」という存在が浮き彫りになり、これまで感じていた不満が解消されることになった。ゲノムは、ある生物のもっているDNAの総体であり、ここには生きものたちが、どのようにして今のような形をもち、生き方をするようになったのかという歴史が書きこまれている。しかも、地球上の生きものすべてが、ゲノムをもっているのだから、森の小鳥と道端のタンポポと人間との関係もそこから読みとれる。生きものの体内にある歴史物語、つまり生命誌がそこにあるのだ。

ここで気がついた。これまでの科学が置き忘れてきたのは「流れる時間」だったのだということに。生きものは、流れる時間がつくりだしたものであるのに、そのことを忘れて生きものの本質がわかるはずがない。それが、生きものを科学で理解しようとしたときに私が感じていた居心地の悪さだったのだ。

音楽は、流れる時間から生まれ、音によって時間をつむいでいく。深夜に一人で仕事をしているときなど、スピーカーから聞こえる音と一つになって、時をまったく忘れることがある。

それは、今ここにいる私が音楽を聴いているのではなく、私の中にある「時間」が音楽を奏でているのだ。これが、私が生命の歴史に関心をもちはじめてからの実感である。体の中には、生命誕生以来の三八億年という歴史が入っている。たとえではなく、実際に私たちをつくりあげているものが三八億年という歴史の産物なのだということがわかった今、生きものに感じられるのが、流れる時間の音以外の何物でもないというのは、当然だろう。そう思いながらまたふしぎな気もしている。

生命体はみな、音をもっている。私たちが、通常〝物言わぬ〟と形容する樹木にも音を感じ、森で彼らとの一体感をもつのは、生きものとしての音で感じあっているに違いない。三八億年という長い時の流れを共有するものとして。

5　科学と社会の間——言葉が生むズレ

「DNA研究をもとに生きものについて考えるときに、遺伝子ではなくゲノムを単位にするのがよいと思っています。そうすると、現代科学の抱えている問題点が明確になり、しかもその解決の方向が見えてくるんです」。

「生命誌」という分野を始めた私の気持ちをこんなふうに説明しても、専門外の方は、何を言っているのかサッパリわからないとおっしゃるだろう。もちろん、こんな短い文章ですべてをわかっていただこうとは思わない。しかし、この五〇倍、いや一〇〇倍の長さで話しても、おそらく事態は変わらないと思う。「むずかしい」「わからない」……研究者仲間の中には、「いやあ、あれはお世辞なんだよ。あなたのお仕事はとても高級なことですね。私ごときがそんなものをわかるはずがございませんとほめてくれているんだよ」と半ば冗談めかして言う人もある。しかし、私はそこまで割りきれない。生きもの、さらには「生命」について考えるには、DNA研究の成果を素材として取りこんでほしいと思うし、そうでなくとも、DNAから見えてくる、この興味深い生命像を専門外の方とも共有したいと思うからだ。

伝わらない。このもどかしさの原因は二つあると思っている。一つは、学問の専門化だ。これは、あらゆる学問分野、あらゆる国で起きていることであり、大きな問題だが、ここでは、第二の原因である「専門用語」に焦点をあてたい。これはとくに、日本語でめんどうなことが起きていると思うからだ。

最初にあげた文章に戻る。そこで私は、「遺伝子ではなくゲノムを単位にするのがよい」と言っている。つまりここでは、「遺伝子」と「ゲノム」を対比して考える必要がある。遺伝子とゲノム。この二つを並べても、その内容をよく知っている専門家でなければ、この二つの関係など考えようもない。ところで、この二つの言葉を英語で書くと「gene」と「genome」なのだ。見ただけで、仲間だと思える(もちろん、英語でもこれらが専門用語であることに変わりはないので、その正確な意味は専門家の説明を必要とするだろうが、いくつかの「gene」が集まり一つのセットになったものが「genome」という感じはだれにでも読みとれる)。

しかも幸いなことに、「gene」という文字のよって来たるところは、「genesis」（発生、創始）だということも、すぐ想像できる。ＤＮＡのはたらきをそのまま表現する言葉だ。一方、日本語の「遺伝子」は、まぎれもなく「遺伝」という現象を思い起こさせる。遺伝は、親から子どもに性質が伝わることであり、英語では「heredity」だ。「inherit」（受け継ぐ）をもとにした言葉である。ＤＮＡは、確かに親と子をつなぐものであり受け継ぐという、生物の重要な機能の陰の役者である。

しかし、この物質は決して親から子への受け継ぎだけをしているのではない。個体を個体たらしめ、その個体が一生を連続性をもった存在として自らを創りあげていくという役割を果たしているのだ。このほうが本質であると言ってよい。「gene」は受け継ぎながら新しい個体を創っていくという役割をきちんと伝えてくれる。学問の名前も「Genetics」、日常語の「遺伝」＝heredity とは別だ。

「gene」が遺伝子とされたための、具体的問題を一つあげよう。「遺伝子治療」である。病気の原因は大きく分けて二つある。外因性と内因性だ。外から侵入する病原体――最近でも、エイズ・ウイルスや大腸菌Ｏ１５７など厄介なものがいるが、死亡原因の多くは、これではなくなっている。がん、心臓病、脳血管疾患――内因性、別の言葉を使うなら遺伝子に原因のある病気である。現代医療においては、病気治療の王道は原因を除くことなので、今やがんを中心にした医学研究の多くは、遺伝子（ＤＮＡ）を対象にしている。

ある遺伝子がうまく機能しないがゆえに病気になることがわかれば、それを回復させるために、外から〝機能する遺伝子〟を入れてやろう。これが「遺伝子治療」である。うまくいけば、これほどよい治療法はない。化学物質で症状を抑える、ホルモンを使うなど、治療法にはさまざまあるが、体が本来用いている遺伝子がうまくはたらいてくれるのが最もよいわけだ。もちろん、外から遺伝子を入れて、思いどおりにはたらかせることは容易ではない。わが国で現実に行なわれているのは、骨髄細胞に限っているし、今後、技術的に開発すべきことは多い。また、効果、安全性、経済性など検討すべきこともたくさんある。しかし、いずれはそれを乗り越えて遺伝子治療は活用されることになるだろう。

ここで問題がある。「遺伝子治療」というために、この治療は子々孫々にまで影響を及ぼすのではないかと心配する人が出てくることだ。もちろんＤＮＡを生殖細胞に入れてそれがはたらけば、子孫に受け継がれる。しかし、骨髄細胞などの体細胞のＤＮＡを変えても、それはその個体限りのことだ。その個体の細胞ではもちろん受け継がれてもらわなければ困るけれど、個体を越えることはない。いわゆる「遺伝」はしないのである。

こうして、専門家とそれ以外の人の間に認識のズレが生じる。しかもこのズレは、単なる内容の説明では埋まらないむずかしいところをもっている。というのも、日本文化で「遺伝」という言葉がもつ独特のイメージがあるからだ。決定論、しかもよい性質よりも何か悪いことが宿命的に伝えられるという感じが強い。これが遂に、ＤＮＡにも影響する。ＤＮＡ決定論であり、しかも何か不安をよびおこす決定論だ。そこで、ＤＮＡを扱う研究は、どこかあやしげなものと思われたり、生きもの――もちろん人間を含めた――の性質を意のままに決められるものと受けとめられたりすることになる。このイメージを払拭するのはむずかしい。

「gene」を中国語に訳した人は、「起因子」とした。おそらくこれは音も揃えてあるのだと思うが、意味も、発生、創始、起源につながるところをもっており、なかなか上手な訳だと思う。メンデルが遺伝の法則を発見したときに考えだした「因子」(彼はエレメントと言った)を「遺伝子」と翻訳したのは理解できる。その後学問が進み、細かなことがわかってきたために事は複雑になってきたのだ。知識が増せば増すほど、言葉に対しても神経を細かくしなければならないということである。

これまで述べてきたことは、コミュニケーションとしての言葉の問題だが、言葉は他の人と意を通ずるためだけのものではない。考えるとき、人は必ず言葉を使う。言葉なしで考えることはできない。「言葉の本質は、コミュニケーションよりも、むしろ考えるというほうにあるのではないか」。これは、作家の日野啓三さんに教えられたことだが、まさにそうだと思う。そこで、科学用語に関心をもたざるを得ない。科学が日本で生まれたのではなく、西洋から取りいれたものであるために、言葉を翻訳し、日常用語とはまったく別の専門用語をつくったということは、日本における科学のあり方に意外に大きな影響を与えているのではないかと思うのである。

専門家の間で話し合いをするときは、専門用語は英語（西洋の言葉では英語が一番よく使われるので）のままのことが多い。というのも英語のほうが、意味がわかりやすいからだ。日本語にしようとすると、用語集を引かなければならないことも多い。新しい言葉の場合、まだ日本語ができていないことも少なくない。もし科学が、日本語の日常語で考えられるようになっていたら、もっと独創的な仕事が日本から生まれたのではないだろうか。つい、そこまで考えてしまう。

私が今、注目しているゲノムは、カタカナで定着しそうだ。ゲノムは、「ある生物の細胞内にあるＤＮＡの総体」であり、「ある生物をつくり、生存を続けさせる遺伝子のセット」なので、もし日本語にするのなら「生命子」とでもなるのかなと思うけれど。

科学を文化として日本の社会に存在させたいと願いながら仕事をしている身にとって、言葉はどうしても解決しなければならない難問であり、これはさらに日本語、日本文化の問題へと発展していくと考えている。

6　人はなぜ生き続けるのか

「人はなぜ死ななければならないのでしょう」。ドラマでよく聞くセリフです。いずれも、どう答えていたのかはっきりとは憶えていませんが、問うている気持ちはよくわかります。

けれども、「なぜ生き続けるの」という問いには、「エッ、それ何？」というのが正直な反応です。確かに、自然は地震、豪雨、土石流、火山ガスと手を変え品を変え生存を脅かしますし、戦争も絶えることがありません。生きるのは大変です。いや、そんな大げさなことでなくとも、ときに、なんで毎日食事をつくって食べなければいけないんだろうと思い、生きているのがめんどうになることもあります。でも、そんなこと言ってもしかたがないやと思考停止してしまうのが常です。それに、「なぜ死ぬの」と違って、このセリフはあまりさまになりませんし。

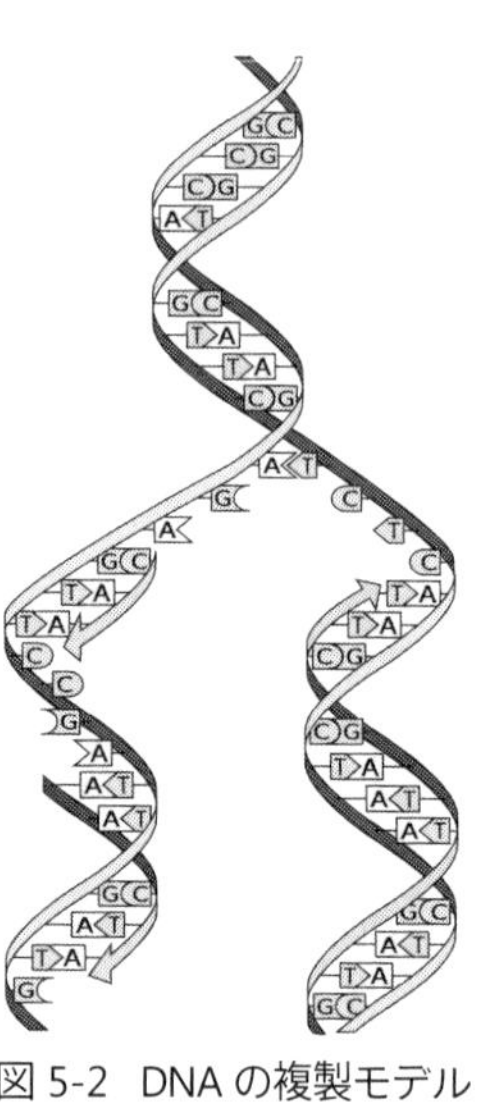
図 5-2　DNA の複製モデル

しかし、改めて問われたからには答えなければならないと、生物学者という職業意識で立ち向かってみました（ちょっと大げさですが）。

生きものがこの世に登場したとき――おそらく三八億年ほど前の海の中だったと思われます――そこに与えられた命題はただ一つ、「続ける」ということでした。どんな大きさになるか、どのような形をして、どこでどう暮らすか。そんなことはどうでもよろしい。「とにかく続きなさい」です。生きものを特別なものにしているのは、それを動かしている基本物質ＤＮＡの性質だと言ってよいと思うのですが、ＤＮＡの特徴の第一は、まさにこの〝続く〟ことなのです。〝続く〟は、ＤＮＡの中に塗りこめられています。

ただし、ここで言う〝続く〟は、決して自分自身が存続することではありません。自分と同じものを複製していく。しかもそのとき、コピー機のような方法ではなく、自らを二つに分けて同じものを二つつくります（図５―２）。ここで二つできたものが、また二つに分かれていく。この方法で永遠に続いていくメカニズムがここにはあります。ですから、四〇億年も前に生まれたＤＮＡが、今、地球上のどこかで暮らす生きものの体に入っている可能性があります。その生きものって、もしかしたらあなたかもしれません。つまり、生きものの一つである私たちの体の中には、長い間続いてきた生命の歴史が入っており、それがさらに続いていこうとする力になっているのです。

ところで、ＤＮＡのおもしろいところは、続けていくという基本を崩さないために、自分とまったく同じものを続けるという頑固さを捨て、変化を許したことです。もしまったく変わらなければ、今も原始生命体しかいないはずです。いえ、おそらくそれでは地球の変化についていけず、生命は絶えていたでしょう。変わった結果、サクラもイルカもネコも人間も生まれました。多様化です。さらに死を取りいれたこともみごとな戦略でした。

〝死〟は、そこだけを見ると継続を途切らせるように見えますが、個体が死ぬことによって、生きものとしての継続性は、より強固に保たれることになったのです。死によって新しいものが生みだされるのですから。生と死は、概念としては対立するものですが、こうしてお互いに補いあいながら生きものが生き続けることを支えているわけです。「人間はなぜ死ぬのでしょう」という問いへの答えは、ドラマではどうなったか。忘れてしまったと言いましたが、生物研究者としての答えは、「生き続けるためさ」ということになるのです。

ところで、死に絶えたものは、消え去ったわけではありません。必ず自分の一部を生き残るものの中に残していく。ですから、人間が生き続けることに関しては、恐竜もマンモスも応援団。というより、彼らの一部が私たちの体の中にあって、「君たちがきちんと生きてくれないことには、ぼくらの立つ瀬がないよ」とささやいているのです。

こうして生物界の一員としての人間は生き続けるように運命づけられているのですが、はたして私たちは本当に生き続けるほうがよいのでしょうか。消えてしまった恐竜たちからはよろしくと言われているかもしれないけれど、今、地球を分かちあっているカラスやライオンはどう思っているのでしょう。人間はなぜ生き続けるのかについて、生物学者が答えられるのはここまでです。

その先は、……劇作家にバトンタッチします。今日の夕食用にスーパーマーケットで何を買おうかと考えながら、この劇の幕が開いたらかけつけようと楽しみにしています。

7　熊楠に学ぶ重ね描き――事と曼陀羅

　近代科学という西欧で生まれた知識と、自然との一体感をもつ日本の知恵とを結びつけることで新しい知を生みだせるのではないか。生命科学から「生命誌（Biohistory）」へと移って日々の活動をしているうちにそのような気持ちが強くなった。ここでいう〝結びつける〟は、よく言われる学問の融合ではない。私という日本人が科学研究を進めるにあたり、自分の中で両者が一体化し、私の言動がそこから生まれるという意味での結びつきである。私だけでなく、生命科学に関わる日本人のすべてが、さらには日本人に限らず研究者のすべてがそうなってこそ新しい知が生まれるのではないかと考えるようになったのである。

　この考え方をどう整理するか。ここで、物理学から哲学へと移り、科学と現代社会のありようを考察した大森荘蔵の「重ね描き」という概念に学ぼうと考えた。大森は、現代科学の問題点は、機械論的世界観のもと、色やにおいなどを追い出してしまった物質ですべてを理解しようとし、自分自身をも含む全世界を「死物」にしてしまったことであると言う。それでは人間の存在もその営為も意味をもたず、これこそ現代社会の不安の根源だとも言う。

そこでその解決のために大森が提案するのが「重ね描き」である。重ね描きとは、科学の初期段階で排除した感覚、その他の「心」の諸相を取り戻して、科学の世界像の上に重ねて描くということであり、大森は、〝ただそれだけのこと〟と言っている。それには、研究者がつねに日常性を大切にし、自然から学ぶ姿勢をもつ必要がある。そのようにして「死物」の世界から抜け出るのである。

実際に「重ね描き」の実例を思いうかべると、その一人として南方熊楠が浮かんでくる。一八六七年に生まれた熊楠は、日本の近代化とともに歩んだと言える。子どものころには『和漢三才図絵』『本草綱目』『大和本草』などを筆写していたとのことで、和歌山の自然の豊かさを楽しむと同時に学問のおもしろさに惹かれていたのだろう。中学入学後も読書や筆写に時を忘れ、上京して大学予備門（現東京大学）入学後も上野図書館に通って和漢洋の本を読んでいたという。

このような資質とその暮らしぶりは、青年期の十数年に及ぶアメリカや、イギリスでの生活でもそのまま続き、ロンドン大英博物館の図書館で読書し、『Nature』誌などに論文を投稿し、本人にとっては充実した日々を過ごした。もし実家からの仕送りが続けば、それで十分に満足した生活を続け、今、私たちが知る熊楠はいなかっただろう。「重ね描き」の例としては不足である。その意味では幸いなことに、仕送りは打ち切られ、熊楠は和歌山に戻る。そのとき、大英博物館の植物学者G・マレーに、日本の隠花植物の調査を依頼された。イギリスの博物館や植物園を訪れると、世界中の事物を集め整理しようとするまさに大英帝国の意志が感じられるが、日本という小さな列島の隠花植物にもそれが及んでいたのだろう。

紀伊半島の隠花植物をすべて調べようと活動を始めた熊楠が知ったのは、驚くべき多様性だった。とくにほとんど人の手が入っていない熊野を知ってからは、隠花植物に限らず、樹木、昆虫、動物などの複雑な世界に惹かれていく。そして、とくに粘菌の生き方のおもしろさにのめりこんで研究し、さまざまな生きものの標本をつくる日々を過ごしながら、ヨーロッパで知ったエコロギー（生態学）という考えに共感し具体的に理解したのだった。それは、その後明治政府による神社合祀令によって鎮守の森が消えていく事態に直面したときの反対運動へとつながっていく。

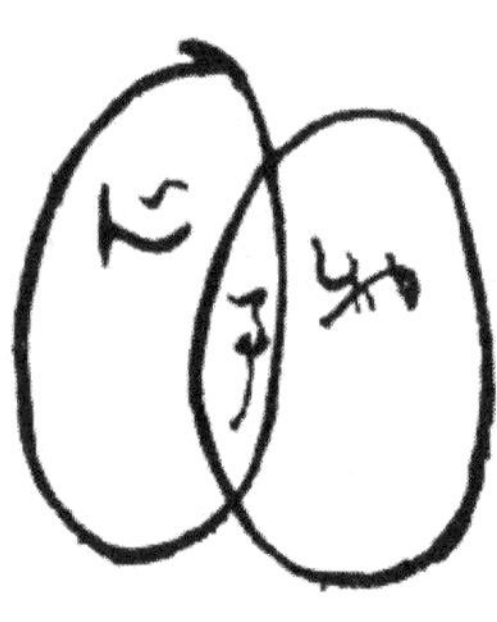

図5-3　土宜法龍宛て書簡
1893年12月24日付より

大ざっぱに追ってきた熊楠の活動は、標本蒐集や粘菌の生活環研究を中心に置きながら、自然とそこでの人間生活へと向いている。大森の言う「重ね描き」をしているのである。粘菌という小さな生物の観察の向こうの世界を機械論とは違う目で見ている。

この世界観は自然の中で生まれたものだが、そこには真言密教というもう一つの要素がある。熊楠の両親は熱心な真言宗徒であり、彼はその環境で育った。そして、大英博物館で西欧の学問を学んでいるとき、真言宗の高僧土宜法龍と出会うのである。一八九三年のことだ。後に高野山管長になる土宜は、当時パリに滞在していた。出会いの後、熊楠は思うことを手紙にして送る。私が関心をもつのは、その中に書かれた図5－3である。

「……心界が物界とまじわりて生ずる事（すなわち、手をもって紙をとり鼻をかむより、教えをたて人を利するにいたるまで）という事にはそれぞれ因果のあることと知らる。その事の条理を知りたきことなり。今の学者（科学者及び欧州の哲学者の一大部分）、ただ箇々のこの心この物について論究するばかりなり。小生は何とぞ心と物とがまじわりて生ずる事（人界の現象と見て可なり）によりて究め、心界と物界とはいかにして相異に、いかにして相同じきところにあるかを知りたきなり」。

学者が論究するのは死物だという興味深い指摘である。私はここでの「事」は「生命（いのち）」ではないかと考えている。生命誌で「生命」を考えようとするうちに、動詞で考える必要性に気づいたからである。以来、生命誌研究館の年間テーマを動詞で表すことにしてきた。愛づる、語る、観る、関わる、生る、続く、めぐる、編む、遊ぶ……。「生命」と言ってしまうと、生命尊重などという言葉だけがとび交い、うっかりすると思考停止になる。それに対して動詞で考えると、生きものたちの暮らす姿が浮かび、その向こうに世界観が見えてくる。熊楠が示す「事」には時間があり、関係があるということと、動詞で考えることとが重なってくる。時間と関係とは歴史を生みだす。まさにこれこそ生命であり、私が「生命誌」にこだわる所以である。

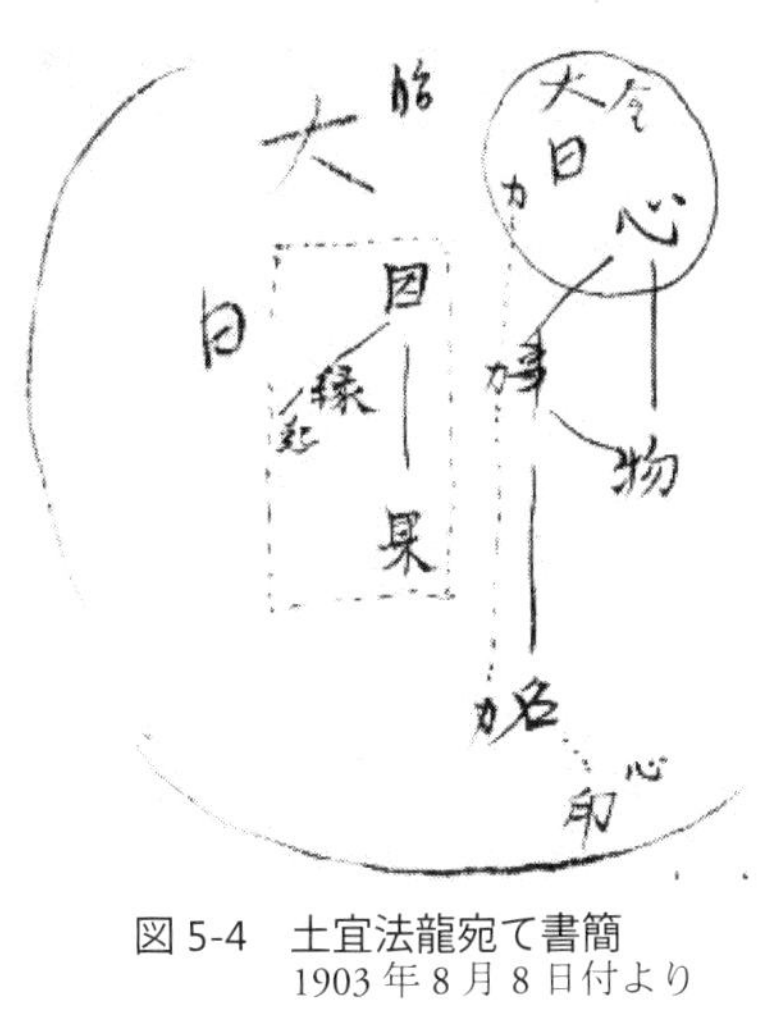

図 5-4　土宜法龍宛て書簡
1903 年 8 月 8 日付より

熊楠は「事」というとらえ方を基本に、事の世

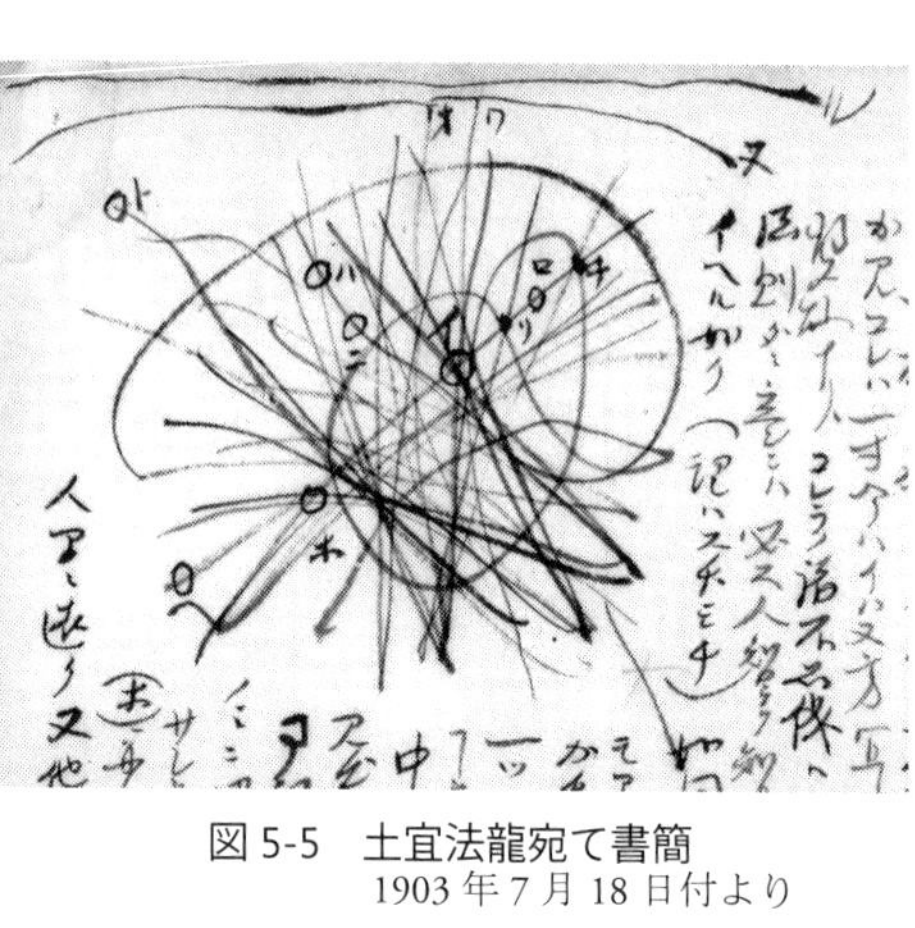

図5-5　土宜法龍宛て書簡
1903年7月18日付より

界で起きる諸々の因果関係を結ぶ「縁」の重要性に気づいた。ここからいわゆる「南方曼陀羅」が生まれている。熊楠自身が曼陀羅として描いている図5－4は、まさに「事」から出発している。もう一つ、鶴見和子が中村元の命名として「南方曼陀羅」とよんだ図5－5がある。こちらは、さまざまな曲線が交錯しており、これらが「宇宙を成す」と書かれている。この図のどこをとってもすべてとつながっているのだ。実は、生体の代謝マップを見ると、どの物質もすべてとつながっており、この図と重なって見えてくるので、ここでも生命を思い起こす（本書四〇―四一頁参照）。曼陀羅論を展開する余裕はないが、私にとって重要なのは、「曼陀羅が森羅万象のことゆえ、一々実例を引き、すなわち箇々のものについてその関係を述ぶるにあらざれば空談となる。抽象風に原則のみいわんには、夢を説くと代わりしことなし。そのうち小生面りいろいろの標品を示し、せめては生物学上のことのみでも説き申し上ぐべく候」という言葉だ。

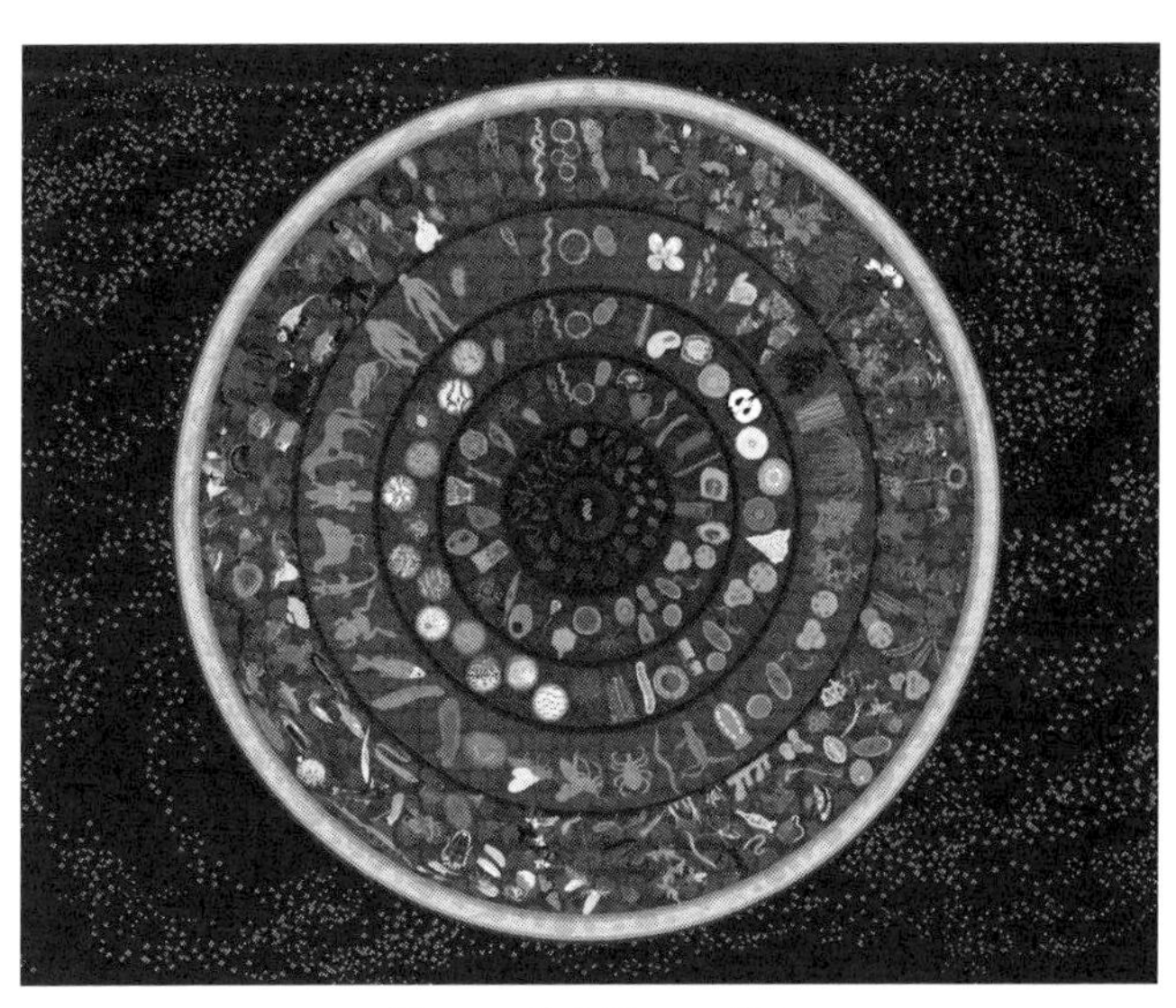

図 5-6　生命誌マンダラ
一つの受精卵から生まれる生きものたちを描き、ゲノムが階層性を貫くことを考える（JT 生命誌研究館）

生命誌研究館創立二〇年（二〇〇三年）を期に二一世紀の科学をふまえて、「生命誌マンダラ」を描き、大日如来にあたる中心には一つの細胞を置いた（図5−6）。これを受精卵として、そこから個体が生まれる発生を描き、ゲノムによって分子、細胞、組織、器官、個体、種、生態系という階層性を貫く生きものの世界を表現している。中心の細胞を原初細胞と見て、進化を思いうかべることもできる。「重ね描き」から生まれる実体のある世界観を描き、南方熊楠という先達を意識しながら生命誌を深めていこうと思う。

初出一覧

＊タイトルは原題から変更した場合がある。

Ⅰ　生命を基本に置く社会へ

「生命を基本に置く社会へ」『季刊　政策・経営研究』三菱ＵＦＪリサーチ＆コンサルティング　二〇一一年第一号

「「いのち」を基盤とする社会」『草思』草思社　二〇〇五年八月号

「生命論的世界観の構築」『神奈川大学評論』六三号、神奈川大学　二〇〇九年七月

Ⅱ　ライフステージ社会の提唱――生命誌の視点から

「機械論的世界観からの脱却――自然を生かし、人間を直視する」『日本経済新聞』一九九九年九月六日（原題「生命論的世界観を確立」）

「生命の本質に基づく社会――プロセス重視型にして、科学技術の貢献を」『日本経済新聞』一九九八年一月八日

「ライフステージ医療を考える――生命誌の視点から」『いのち、そして死』医療と宗教を考える研究会　二〇一四年一〇月

「一人ひとりの人間の一生を考える「ライフステージ」」『生命誌の窓から』第二章「ライフステージ」より　小学館　一九九八年三月

Ⅲ　農の力

「「火と機械」から「水と生命」へ」　『電気評論』電気評論社　二〇〇〇年一二月

「いのちを見つめれば先は見える」　『ＭＯＫＵ』ＭＯＫＵ出版　二〇〇八年一月号

「教育の原点としての農業を」　月刊『産業と教育』実教出版　二〇一三年八月（原題「教育の原点としての農業を考える」）

Ⅳ　東日本大震災から考える

「時の移ろいの中で――〝よりよく生きる〟ために」　『中日・東京新聞』「時のおもり」欄

大災害が問う文明の驕り　二〇一一年四月六日

原発事故に学び、真の「科学技術立国」をめざそう　二〇一一年五月一一日

一極集中ではなく、分散型が複数の視点を生む　二〇一一年六月一五日

自然は思いどおりにならない　二〇一一年七月二〇日

賢治に学ぶ「ほんたうのかしこさ」　二〇一一年八月二四日

人は「自然」の「中にいる」　二〇一一年一〇月五日

社会に「賢さ」のシステムを　二〇一一年一一月九日

人類に不可欠な「世代間のかかわり」　二〇一一年一二月一四日

日本のこれからを古典に学ぶ　二〇一二年一一月一四日

いのちと「つくる」こと　二〇一三年五月二二日

胸打つ言葉と方便の言葉　二〇一四年三月一九日
価値観の転換を図るとき　二〇一四年四月二三日
「よりよく生きる」には　二〇一五年九月二日
「どう暮らす」の問いが欠如　二〇一五年一〇月七日
自然と調和する技術を　二〇一六年三月九日
「生きものたちからの提言——ふぞろいをよしとする社会へ」『信濃毎日新聞』「月曜評論」欄
科学の過信を捨て、着実な一歩から始めよう　二〇一一年六月二〇日
被災地の医療復興の危うさ　二〇一一年一〇月一七日
地方から提案する新しい暮し　二〇一二年五月二八日
ふぞろいをよしとする社会へ　二〇一二年九月二四日
暮らしやすさへの道　二〇一三年一月二一日
本当に役立つ技術開発とは　二〇一三年五月六日
「今と未来へのまなざし——日常もいのちも大切にするために」『信濃毎日新聞』「多思彩々」欄
新しい社会への「総活躍」に　二〇一六年二月二一日
「戦争のない社会」に軸足を　二〇一六年五月一五日

V　科学と感性

「科学とは「問い」を立てること」『FUJITSU 飛翔』富士通　二〇一〇年七月

「科学と感性」　『世界思想』世界思想社　二〇一二年春号
「ライフ・サイエンスを考える」　『デザインニュース』日本産業デザイン振興会　一九八三年
「三八億年を流れるいのちの音」　「八ヶ岳高原音楽祭」一九九三年（原題「三五億年を流れる
音」）
「科学と社会の間——言葉が生むズレ」　『一冊の本』朝日新聞社　一九九七年二月
「人はなぜ生き続けるのか」　『危機一髪』地人会　一九九七年八月
「熊楠に学ぶ重ね描き——事と曼陀羅」　月刊『科学』岩波書店　二〇一三年八月

あとがき

これを書いているのは、新型コロナウイルス感染症のパンデミックで世界が動いている最中です。世界が動いていると書きましたが、実は、人との接触が最も危険とされ、「家にいましょう」とのかけ声に応じて外出は控え、私自身はいつもより動かずに過ごす日が続いています。

「人間は生きものである」という視点は、数千万種もあると言われる多様な種の一つとして生きるということであり、その世界にはウイルスも入っています。ウイルスは細胞でできているのではなく、ゲノム（DNAだったりRNAだったりします）が、殻を着て動きまわっているという存在なので、生きものとは言えません。しかし、生きものの細胞に入りこんで、それを利用して増殖するので、生きもののいるところウイルスありというわけです。しかもウイルスのゲノムは小さいので変異しやすく、頻繁に新型が登場するという特徴をもっています。つまり、生きものの世界は新型ウイルスによるパンデミックがいつでも起きるようにできていると言ってもよいのです。

しかし、機械論的世界観をもち、新しい技術で自然離れした便利な暮しをつくることをよしとしてきた社会では、そんなことはまったく忘れられており、今回のウイルス感染も、〝予想外〟と受けとめられています。

これまでは価値観を変えることはむずかしいとされてきましたが、今、多くの人が「コロナ後の社会」はこれまでと違うものになるはずだと言っています。変わらざるを得ないと思っているというほうがあたっているかもしれません。しかし、次の社会の基本をどこに置くかは語られていません。

本書にもあるように、確か東日本大震災のときにも、社会は変わるという声は聞こえました。私は、生命誌で考えている「生きものとして生きる」方向に変わることを期待しました。けれども変化を求める気持ちは、東日本で強く、西日本ではそれほど関心が高くないという温度差がありました。時がたつにつれて地域の問題になっていくのは避けられませんでした。とくに東京へのオリンピック招致の運動が起きてからはその傾向が強くなりました。

今回のＣＯＶＩＤ19（新型コロナウイルス感染症）はパンデミックであり、世界中の課題です。今度こそは変化につながるだろうと思っています。

ここで、変化した価値観の基本は「人間は生きものである」ということを大切にしましょうと呼びかけたいのです。本書は、その方向を示す内容になっていると考えています。これは、コロナ後の新しい生活ではありません。本来生きものとしての私たちがもっていた感性と能力をフルに生かした暮しにしましょうということなのです。二〇万年前に私たちの祖先が誕生したときからもっていた感性と能力を使わないでいるのはもったいないと思うからです。

日本での緊急事態宣言、世界各地でのロックダウンという形で人間の活動が制限される生活がたった数カ月続いただけで（それでもみな、つらい思いをしましたが）、身の回りの大気も水も澄みはじめました。具体的には、チューリップ、あやめ、つつじ、藤など身近に咲く花が例年になく鮮やかで美しいのに驚きました。ガンジス川がきれいになり、タイの海にジュゴンが泳いでいる写真を見て、これが世界中で起きているのだと知り、まさに転換する方向が見えていると思いました。経済活動が停滞し、人々の暮しが成り立たなくなるのは問題です。でもここは、弱い者にしわよせがいかない工夫をして（政治の力はこのようなところでこそ発揮されるものでしょう）、つらい時期を乗り越え、新しい生き方（実は古くからの生き方）を探ることができるはずです。こういうときに知恵を出さなければ、ホモ・サピエンスという名が泣きます。

本書で述べた小さな提案が、少しでもお役に立つようにと願っています。

なんとも素朴な願いを書いた文に対して、鷲田清一先生が書いてくださった解説を読みながら、おかしな話ですが、「生命誌ってなんておもしろいんだろう」と思いました。本質の本質を具体的な事例と結びつけてみごとに語られるので、それを体験し、そこで発言をしている本人が「ああそうなんだ」と改めて納得することになったのです。こんなふうにわかってくださる（最初「理解してくださる」と書いたのですが、いやこれは「わかる」というふだんの言葉でなければ表せないと思い、書き直しました）方がいらっしゃるのだと知り、胸が熱くなりました。

今、私は生命科学を基本に置きながら、それにとらわれない知を求めていますので、鷲田先生の言葉の中にたくさんのヒントとエールを見つけました。専門家ではあっても人間としての立ち位置が一番大事と強く考えたのは、東日本大震災の後です。鷲田先生も震災後同じような立場で発言をし、行動なさっている。と、私には見えています（勝手に仲間にしています）。

そこで先生が出会われた若い方たちのお仕事を生命誌とつなげて考えてくださったのも、そのようなお考えがあってのことです。どの方の言葉も心に響きます。内藤礼さんは以前からの仲良しで、生命誌が求めていることをとても静かに美しく表現してくれていると思ってきました。

「この世界に人の力を加えることが、ものをつくるという意味だというなら、私はつくらない」という言葉について、わが家の庭で彼女と話しあったことを思い出します。

新型コロナウイルスとどのように向き合うかを問われている今、このときに考えたことはより大切になっています。

最近一番大事にしているのが「ふつうのおんなの子の力」なのですが、さすが鷲田先生、その力に気づいてくださいました。一人ひとりがその人らしく暮らす社会を求めている生命誌は、「おんなの子」(先生のおっしゃるメス的な感受性であり、男性の中にもある)に支えられ、これからの社会はその力が創っていくと信じています。楽しみです。

二〇二〇年八月

猛暑の中、大好きなかき氷を楽しみながら

中村桂子

解説――いのちを愛おしむ、いのちに学ぶ

鷲田清一

中村桂子さんがこの春まで長くお務めになったＪＴ生命誌研究館館長の、その前任者の話から始めさせていただきます。

初代館長の岡田節人（ときんど）さんは、国際発生生物学会会長や国際生物科学連合副総裁も務められた発生生物学の大家でした。大家といってもわたしなどのような他分野の若造（当時）などにも分け隔てなく声をかけてくださる方で、いたずらっぽい顔をして、答えに窮するような問いを向けられることもよくありました。わたしが最初に受けた質問はこうです。一九九〇年頃だったと思いますが、奈良市郊外にある国際高等研究所の会議でご一緒したときのこと。休み時間に、廊下に張り出してあった「幸福とは何か」というシンポジウムのポスターをじっと眺めていたわたしは、通りかかった先生にこう声をかけられました。「鷲田さん、あんたやったらどう答えますか」。不意のお訊ねにわたしはとっさにこう返しました――「「幸福とは何か？」と問わずにいられる

ことです」。それを面白がってくださったのかどうかはわかりませんが、その日、先生は愛車、シトロエンの助手席にお誘いくださり、いっしょに京都に戻りました。

そんなこともあって先生のことをもっと知りたくなり、『学問の周辺』という本をそのあとしばらくして読みました。そしてある箇所にさしかかって、頁をめくる手が止まってしまいました。そこにはこんなことが書かれていました。どんな細胞にも色艶のよしあしというのがあって、それがちゃんとわからないと研究の運はめぐってこない。それで毎日ひたすら試験管を覗き、細胞を眺めた、するといつか細胞の色艶の見極めもできるようになり、気がつけばもう「一心同体になるほど彼らを愛し」はじめていた。色艶が悪いと、ひょっとして風邪をひいているのではないかと心配でたまらなくなったというのです。

こんなことを思い出したのは、この文章を書くために中村さんの『生命誌とは何か』(二〇一四年)を読み返していて、「ゾウリムシは」と書き出してその「ゾウリムシは」のすぐ次に丸括弧つきでこう書かれていたからです。「ゾウリムシでさえといいたいのですが、生命誌を研究しているとゾウリムシの能力に敬服せざるを得ないのでそうはいいません」。生きものとしての均しさを思い、それを愛おしく思わないでいられない、そんな気持ちがお二人の文章にはこもっていました。

そういえば、中村さんとかつて対談をさせてもらったおりに、こんな話もうかがいました。中学入学の時に疎開先から東京へ帰ってきた中村さんは、友人と紀尾井町のお壕で虫や魚の観察をし、ついでに当時は国会図書館として使われていた赤坂離宮に立ち寄ったというのです。この図書館は中学生から入館できるのでぎりぎりセーフ。赤いじゅうたんの敷かれた大理石の階段を登っての図書館通いを楽しんだそうです。「本の虫」という言葉がありますが、中村さんは子どものころからずっと〝本と虫を愛づる姫〟だったようです。

ご一緒したある懇談会での発言も思い出します。議論が現代社会における子育てのむずかしさ、しんどさで盛り上がっていたときです。中村さんはひとり、あれっといった表情でこう発言されました。「子育てって楽しいものじゃないの。だってどんなふうに育っていくかわからないんだから。思いどおりにならないところがおもしろいのよ」。子どもが思うように育てられないというその焦りを、もういちど原点に帰ってと、いつもどおりやわらかいことばでいさめるような発言でした。そこにも、中村さんの一貫して変わらない、いのちの均しさと愛おしさへの思いをしかと感じました。

そういう気持ちがずっとベースにあって生まれたにちがいない中村さんの〈生命誌〉ですが、いのちのしくみを探るにあたってその軸足を〈生命科学〉から〈生命誌〉へと移したというのは、じつはたいへんな一歩です。これまではサイエンスとヒストリーというのは水と油のようなものでした。さまざまの事象を分析するにあたってそれらをつかさどる法則を見つけてゆくのがサイエンスであり、それぞれの特異性に着目して出来事としての個性を記述してゆくのがヒストリー。二十世紀の初めにドイツを中心に論争になった学問の方法論争があって、そこでは自然科学と「精神科学」(「文化科学」とも「歴史科学」ともいわれました)の成り立ちの差異が、前者は nomothetisch(法則定立的)な態度、後者は idiographisch(個性記述的)な態度に立つというふうに区別されたのでした。

中村さんが〈生命誌(バイオヒストリー)〉といわれるのは、こういう意味でのサイエンスからヒストリーへの移行のことではありません。それはむしろサイエンスとヒストリーとのそのような分割をこそ超えようという試みです。それはけっして科学へのアンチテーゼではないのです。自然は、合理的な因果関係によって精密な歯車のように展開をするという、機械論的な発想でとらえられるものではなく、普遍と特殊、安定と変化、必然と偶然といった対立を内包したダイナミズムにおいて展開するという、いってみれば生命論的な発想が、現代、ほかならぬ自然科学のどまんなかで迫られているというのです。

そのとき、独自のものを産みだす「自己創出」のシステムとか、複雑化や多様化をひきおこす情報の「かきまぜ」とか、遺伝子の重複や誤配にみられる「偶然」とか、つくっては壊してゆく「代謝」とか、直線的発展より循環、最大より最適、合理一辺倒より「柔軟性」、相互排除より「共生」といった生命のダイナミズムがきわめて重要な参照軸になるということです。

これまでの科学は時間を超えて反復可能な検証を礎としてきましたが、そしてそれにもとづく技術（テクノロジー）は少しでも速く、ということは時間を縮めることに心を砕いてきましたが、これから求められるのはそれとは別の、それぞれに歴史の一段階で多様に展開してきたいのちのその「時間」と「偶然」を深く組み込んだ科学であり、技術だというのです。〈生命〉を軸とした科学と技術のパラダイム変換という、じつに壮大な提案です。

そのために中村さんは一方で、一つ一つの〈いのち〉のかたちと別のそれとのつながりを丹念にさぐり、その一コマ一コマを生命誌として記述するとともに、もう一方で〈社会〉についても〈いのち〉に基盤を置くそうした価値観へと移行しなければならないと訴え、いろんな社会活動にも取り組んでこられました。じつにたいへんな仕事ですが、中村さんの言葉も表情も、いつもとても穏やかなのはおどろきです。

中村さんのいう「〈いのち〉を基本に置く社会」とは、「身のまわりに緑がある」とか「地球にやさしい」とかではなく（これを中村さんは「上から目線」だといいます）、「生活そのものが自然を生かし、生かされる状態になっていること」です。いいかえると、「人間を考えるとき、つねにこの長い時間と多様な生きものたちとの関係の中に自分を置く」ということが一丁目一番地だということです。他のいのち、そして自然のいのちとのつながりなしには、ひとのいのちもありえないからです。

さきほど「子育ては思いどおりにならないからおもしろい」という中村さんの発言を紹介しましたが、現代の社会は人びとが自然を思いどおりにしようとやっきになっている社会です。それは「いのち」の原則に合わないことです。中村さんが『科学者が人間であること』(二〇一三年)で語っておられる言葉を引けば、「速くできる、手が抜ける、思い通りにできる。日常生活の中ではとてもありがたいことですが、困ったことに、これはいずれも生きものには合いません」。

現代社会へのこうした憂いは、当然のことながら、ひとがひととして生き存えるための社会のさまざまなしくみへの提言へとつながっていきます。それはたとえば、産業への、教育への、医療への提言です。

考えてみれば、わたしたちがあの東日本大震災で得た最大の教訓は、ひとが生き存えるためには絶対に欠いてはならないこと、ないがしろにしてはならないことは、それらのしくみを手元に確保しておかないといけないということ、それらをけっして行政や企業によるサーヴィスに明け渡してしまってはならないということでした。日々の暮らしのなかでみずから担い、守り、維持することを絶対放棄してはならないもの、それが、食べ物であり、健康であり、住まいであり、環境エネルギーであり、さらには人びととともに生きる知恵そのものでした。中村さんが「地産地消」への回帰をいわれるときも、この「地」は地方（ちほう）の「ち」ではなくあくまで地方（ぢかた）の「ぢ」なのです。

本書のなかからいくつか言葉を引いてみます――

《火こそ生活の基本と考えたため水や緑の重要性を忘れたところに、生きものとしての存続をむずかしくした原因がある。》（ここで「火」とは石油であり、電気であり、さらには戦争のことです。）

《環境問題とは、自然は勝手に使い分けられないという警告であり、人間の内にある自然も別のものではないということを教えているのである。》

《バイオテクノロジーも、単発的に遺伝子組換えトマトをつくるというのではなく、農業そのものを見直す手段として使わなければ意味がない。医療もそうである。》

《子どもはおとなの予備軍ではなく、子どもには子どもとしてやりたいこと、やるべきことがある。》

〈いのち〉をつなぎつつ生き存えるということからすれば、農業をもういちど生活の基本として手元に戻すことからやりなおさないといけない。からだごと自然と向きあうということ。これはそのまま教育の原点ともならねばなりません。そして中村さんの提言はじっさいに、福島県喜多方市の教育特区、小学校に農業科を設置する認可につながりました。この背後には、「隣りとの関係が生物においていかに大切か」という知見があります。

そんなことを考えているうち、東日本大震災のあと、こうしたパラダイム変換に別のかたちで向かっている、中村さんからすればずいぶん後輩にあたる人たちのいくつかの鮮烈な言葉を思い出しました。

一人は、東日本大震災時に東京で研究生活を送っていた歴史社会学者の山内明美さん。彼女は著書『こども東北学』（二〇一一年）でこう書きました――

《放射能汚染の不安が日本社会を覆いはじめたとき、わたしがいちばんはじめに感じた違和感は、いま起きている土と海の汚染が、自分のからだの一部で起こっているということを誰も語らないことだった。遠くの災いみたいに話をしている。》

宮城県生まれの彼女は、東北は冷害や日照りから長く飢饉の不安に苛（さいな）まれてきた場所だったので、人びとは、土に雨水がしみ込むことをじぶんの体が「福々しく」膨らむことと感じる、そんな土や海と人とのつながりを深く感じてきたと言います。でも都会でモノのみならずサーヴィスもお金で買うそんな消費生活をくり返しているうち、震災と原発事故とで傷つけられた土や海の「痛み」をじぶんの体のそれとして感じられないほどにじぶんが「鈍感」になっているのを思い知らされたというのです。「自分のからだが土にも海にも、そしてコメにも、いもにもなりうるという感覚」がいつのまにかじぶんから失せていたと。

美術家の鴻池朋子さんも震災後、それまでの都会での消費生活に強烈な違和感を感じた一人です。彼女は『どうぶつのことば』（二〇一六年）のなかで、震災以降、まわりのモノのみならず「自分から出てくるものさえもすべて怪しい」と感じだし、「しまいには外食で食べるものすべてが柔らかすぎると感じて、噛み切れないほどの固いものは何処かにないかと飢えてさえいた」と書いています。そして郷里の秋田に戻り、いわば仮死状態になっていた〝動物〟としてのじぶんを確かめなおすために猟師の世界に入っていきました。そしてそこで出会った猟師の顔がときに動物のそれに見えること、さらに獲物たちがみずから罠にかかりにやって来てくれたかのように彼らが語ることに、強い衝撃を受けました。それは「まるでどこかの位相で猟師と動物が事前に連絡を取り合っているかのよう」だったというのです。

さらにもう一人、おなじく美術家の内藤礼さんは、『空を見てよかった』（二〇二〇年）のなかで、人間というものは「水の中の水」のようなものだといいます。わたしたちは「後から来た」存在で、他の生きものたちがたくさん「先にここにくつろいでいた」。そしてその生きものたちからある日、「この世には人が作るという考えを超えたものが存在しています。そういうものを作る人になってください」と告げられたかに感じ、「この世界に人の力を加えることがものをつくるという意味だと言うのなら、私はつくらない」と心に決めたというのです。自然のなかにもういちどじぶんを溶かし入れるかのように。

あらためてふり返ると、ぜんぶ女性の言葉です（たまたまかもしれませんが、本書の制作に携わった人たちも、編集から製作、装丁まですべて女性です）。中村さんも「「メス」の感覚」ということをいい、こう書いておられます。「生物学を勉強した者としては、「メス」のもつ生きることを大切にする生活感覚こそが、大げさに言うなら人類という種の存続を支える大事な力だと思う」と。これはｓｅｘとしての女性の感受性というよりも、男女ともに宿しているであろう「メス」的な感受性をいまこそ磨けということだと思います。

そしてそのことは、富国強兵から現代の情報科学・工学や生命科学・技術まで一直線にたどってきた近代日本の科学と技術のありようを、宮沢賢治、南方熊楠らに見られる、ありえたかもしれないもう一つの近代日本の科学・技術の道筋に照らして組み立てなおそうという、中村さんのもう一つの提案にもつながっています。そしてそれは、科学を「表現」としてとらえ、そこでアートのさまざまな試みと合流するという提案でもあります。冒頭にあげた岡田先生が無類のクラシック音楽ファンであり、中村さんとともに生命誌研究館をはじめからアートの場所として構想されていたのもきっと、そういう思いがあってのことだったのでしょう。

わしだ・きよかず　一九四九年京都生まれ。哲学者。せんだいメディアテーク館長、サントリー文化財団副理事長。専門は臨床哲学、倫理学。大阪大学総長、京都市立芸術大学理事長・学長などを歴任。朝日新聞に「折々のことば」連載中。著書に『モードの迷宮』(サントリー学芸賞)『「聴く」ことの力』(桑原武夫学芸賞)『「ひと」の現象学』(以上ちくま学芸文庫)、『「ぐずぐず」の理由』(読売文学賞、角川選書) 他多数。

著者紹介

中村桂子（なかむら・けいこ）

1936年東京生まれ。JT生命誌研究館名誉館長。理学博士。東京大学大学院生物化学科修了、江上不二夫（生化学）、渡辺格（分子生物学）らに学ぶ。国立予防衛生研究所をへて、1971年三菱化成生命科学研究所に入り（のち人間・自然研究部長）、日本における「生命科学」創出に関わる。しだいに、生物を分子の機械ととらえ、その構造と機能の解明に終始することになった生命科学に疑問をもち、ゲノムを基本に生きものの歴史と関係を読み解く新しい知「生命誌」を創出。その構想を1993年、「JT生命誌研究館」として実現、副館長（～2002年3月）、館長（～2020年3月）を務める。早稲田大学人間科学部教授、大阪大学連携大学院教授などを歴任。
著書に『生命誌の扉をひらく』（哲学書房）『「生きている」を考える』（NTT出版）『ゲノムが語る生命』（集英社）『「生きもの」感覚で生きる』『生命誌とは何か』（講談社）『生命科学者ノート』『科学技術時代の子どもたち』（岩波書店）『自己創出する生命』（ちくま学芸文庫）『絵巻とマンダラで解く生命誌』『小さき生きものたちの国で』『生命の灯となる49冊の本』（青土社）『いのち愛づる生命誌』（藤原書店）他多数。

かわる　生命誌からみた人間社会
中村桂子コレクション　いのち愛づる生命誌 3（全8巻）〈第6回配本〉

2020年10月10日　初版第1刷発行©

著　者　中村桂子
発行者　藤原良雄
発行所　株式会社　藤原書店

〒162-0041　東京都新宿区早稲田鶴巻町523
電　話　03（5272）0301
FAX　03（5272）0450
振　替　00160-4-17013
info@fujiwara-shoten.co.jp

印刷・製本　中央精版印刷

落丁本・乱丁本はお取替えいたします
定価はカバーに表示してあります

Printed in Japan
ISBN978-4-86578-280-6

◇響き合う中村桂子の言葉と音楽…………ピアニスト　**舘野 泉**

中村桂子さんと対談をさせていただいた（『言葉の力　人間の力』収録）。2011年3月7日に東日本大震災が起こる四日まえのことだった。東京でも雪が降り、その中を中村さんが我が家に来てくださった。

私たちは人間のために世界は創られていると思いがちだが、人間中心のその考え方が独りよがりのものに思えた。生きとし生けるものが、みなそれぞれに生きている。どんなに小さなものも、大きなものも、何のためにか知らないけれど生きているのだ。そして、どこかで繋がっている。そんなことを語り合い考えた。

毎年、季節が巡れば花が咲く。花を咲かせるものも、咲かせられないものも生きている。いつかは消えてなくなっていくけれど、死さえも生きて蘇るものとなっていく。

そんな思いで、私の音楽も生まれ、一つ一つのピアノの音が昇り消えてゆくのを聴いている。中村さんの言葉と響き合っていると感じる。

◇しなやかな佇まい……………………………………作家　**髙村 薫**

「ひらく」。「つなぐ」。「ことなる」。「はぐくむ」。「あそぶ」。「いきる」。「ゆるす」。「かなでる」。科学と人間をつなぐこれらの柔らかな目次の言葉たちは、科学者である著者の全人生から発せられたものである。

そのしなやかな佇まいは、今日の生命科学の知見が塩基の配列といったレベルを超えて拓いてゆく世界の広大さと、それを見つめる私たち人間の好奇心、そして日々生きて死ぬいのちの営みの凄さ、面白さのすべてを言い当てていると思う。

◇よくわかった人……………………………………解剖学者　**養老孟司**

中村さんはよくわかった人です。すごいなあと思います。子どもにもちゃんとわかるように語ることができます。ということは、本当によくわかっているということです。わかっているつもりで、わかってない。そういう専門家も多いですからね。

いわゆる科学をなんとなく敬遠する人がいますが、そういう人こそ、この本を読んでください。大人はもちろん、子どもにもお勧めです。生きものの複雑さ、面白さがわかってくると思います。

▶本コレクションを推す◀

◇生命誌研究館での出会い……………………… 絵本作家 **加古里子**

柄にもなく、地球生命の現状を知りたくなった私が、跳び込むようにJT生命誌研究館を訪れたのは、いつのことだったか。高槻市に創設されて間もないときではなかったか。記憶では、『人間』という科学絵本を書こうとしていた頃ではないかと思う。

生命誌という観点に大いに興味を持ち、当時の館長の岡田節人氏と副館長の中村桂子氏から、単なる生命の展開ではなく、生命誌という観点に立つ扇形の展開図「生命誌絵巻」を見せていただいた。また、新しい見事な「生命誌マンダラ」の円形の図にも感服し、教示を受ける幸運を得た。

中村桂子先生とは、それ以来の交流で、その後館長になられ、2011年には対談もさせていただいた。得難い時間であった。

いうまでもなく、生きる基本に「いのち」がある。それを生命誌という貴重な考え方で説く、中村桂子コレクションが発刊される。私が得た幸運を、皆様にも、ぜひにと願う。 ＊ご生前に戴きました

◇中村桂子先生について ………………………… 児童文学者 **松居 直**

中村先生は、とても鋭い見方をする方。単に科学者というだけでなく、本当にいちばん本質的なところを、ちゃんと突く。しかも、男性ではなく、女性である。女性ならではの鋭さかもしれない。男女を問わず、このような科学者は、そんなに多くいるわけではないだろう。

中村先生が、まどみちおさんの詩に共感し、生命誌として読み解き、その世界にこたえの一つを見つけられたことは、決して間違っていない。

本には共感すること、教えられることが、いっぱいある。私自身この年齢になってからも、考えたり学んだりするということは、幸せといえば幸せ。同時に今まで何をしていたのかと思うこともある。いのちを大切にする社会を提唱している中村さんの本は、そう気づかせてくれた一冊である。

今、「いのち」ということを、子どもたちが深く知る、感じるということが、とても大切だと痛感している。中村桂子コレクションの中でも、特に『12歳の生命誌』は、大切なことを分かりやすく書かれた本で、子どもにも大人にも、ぜひ読んで欲しいと思う。